「てんぷら近藤」主人のやさしく教える天ぷらのきほん

酥炸天婦羅

傾囊相授在家炸出頂級天婦羅的祕訣

近藤文夫

目次

第一章 蔬菜與菇類天婦羅

第二章 海鮮天婦羅

第三章 什錦天婦羅

第四章 天婦羅配菜

てんぷら
近藤

天婦羅，最重要的是呈現方式。

——近藤文夫

炸天婦羅是件既快樂，又有趣的事。

我每天都在炸天婦羅，已經炸了五十幾年，然而近來有些感慨。聽說最近不少家庭都不碰油炸料理，這實在相當可惜。只要讀過本書，相信就能了解其中樂趣，也絕對會想試著炸一次天婦羅。

我最想傳達給各位的，是對「食材本身」的理念。只要說到天婦羅，各位的腦中大概會立刻被「麵衣」填滿。怎麼調麵衣、怎樣才能炸得酥脆……，各位是否滿腦都在想這些事情，卻完全忘了最重要的目的是如何「讓食材變得美味」？

何謂食材的美味？怎樣才能發揮美味？想讓食材發揮美味，該如何製作麵衣？思考該如何用油、摸索油炸方法，這才是正確的思維。

現今，一般家庭已能取得優質又豐富的食材，天婦羅料理也應朝「發揮食材本身美味」的方向發展。想要發揮食材的原始滋味，就必須清楚定位「天婦羅」的調理方向，以炸出「呈現素材原貌」的天婦羅為目標。利用美麗色澤、常保多汁風味、展現鮮味與香氣，並充分發揮口感——只要保有這些元素，就能炸出爽口又能嘗出食材美味的天婦羅。

本書將著眼於如何在家中做出美味天婦羅，因此選擇使用平底鍋作為炸製工具。書中做法步驟搭配大量圖片，並以淺顯易懂的方式說明每種食材的呈現方法與處理訣竅。

首先，就讓我來說明在家做出頂級天婦羅的基本功夫。

←

天婦羅是「蒸」的料理。

天婦羅的做法是下鍋油炸，顯然這個說法並無錯誤。但若在問及「天婦羅是什麼料理」時，我會非常自信地說出自己的論點：「天婦羅是蒸的料理」。

這是因為，天婦羅其實是以名為麵衣的膜材將食材包覆後，在熱油中「透過食材本身的水分悶蒸而熟」的料理。我炸天婦羅的基本步驟是先撒裹麵粉，接著沾裹麵衣，再下鍋油炸。將食材撒裹麵粉，食材與麵衣之間就能產生一層空隙，形成理想的悶蒸空間，可說是悶蒸的必須步驟。

另一個讓天婦羅化身為「蒸的料理」的步驟，則是餘溫。天婦羅從油中取出之際其實尚未完成，此時必須將天婦羅放在紙上，利用瀝去多餘炸油的這1～2分鐘透過餘溫悶蒸熟透，天婦羅才算真正完成。以牛排的熟度來比喻，就是先油炸成三分熟，再以餘溫悶蒸成五分熟的手法。

既然以餘溫烹調為前提，就表示在食材全熟之前就必須將天婦羅從熱油中撈出，才能將食材的水分保留於絕佳的平衡狀態。如此便能讓油炸過後的天婦羅仍保有水分、香氣四溢，同時還能充分品嘗到食材本身的風味。各位不妨將天婦羅切開觀察，此時熱氣會從切口逸散，剖面若呈濕潤狀態就表示食材已充分悶熟，若是水分較多的食材甚至會滴汁呢！這樣的調理手法，將能呈現出與過去截然不同的天婦羅。

在家，用平底鍋炸就好。

首先來介紹用具。

若要在家炸天婦羅，平底鍋是最好的選擇。雖然天婦羅專賣店大多使用附有雙邊握把的天婦羅專用鍋，但其實平底鍋可說是最合適的替代用具。或許會有人疑問平底鍋是否夠深？其實只要油深達3㎝即十分足夠，因此平底鍋的深度並不是問題。

平底鍋的優勢在於厚實且鍋面平坦，能讓整體油溫一致（不適用於較薄的鋁鍋），這對天婦羅成品漂亮與否可說是相當重要的條件。由於鍋底面積大，能一次炸製較多的食材，相當便利；此外，使用油量只需3㎝深，亦十分節省。若是高度較高的食材，可稍微提起握把，增加平底鍋前側的油深。不過要注意的是，研磨缽狀的中華炒鍋就不太適合用來炸天婦羅了。

使用平底鍋的注意事項只有一項，就是與天婦羅專用鍋相比，整體用油量較少，因此溫度變動幅度會較大。若同時炸多人份的食材，下鍋時的油溫要比適溫高10℃，並在油炸的過程中讓油溫維持於適溫。當油炸時間較長，或是下鍋食材量較多，使溫度下降時，則須在炸製過程中適當加強火候，調整至炸製的適溫。

最佳油深為3cm！

接著要來準備油。

我在店裡使用的炸油炸以兩種芝麻油混合而成，分別為生榨的「太白芝麻油」，及炒到帶香氣的「焙煎芝麻油」。將兩者以3：1的比例混合，能讓油炸條件與香味表現取得最佳平衡。

芝麻油加熱的耐氧化特性極佳，即便高溫烹調也不會使品質變差，炸出來的天婦羅還是能保有酥脆口感，除了帶有香氣更兼具鮮味，相當適合油炸料理。即便是帶澀味的食材，芝麻油也能去除澀味、保留色澤，充分展現食材的美味。

太白芝麻油的價格稍嫌昂貴，**日常料理中選用沙拉油即可。此時請將沙拉油與焙煎芝麻油以同樣3：1的比例混合。**若平底鍋的直徑為26～28cm，油量約為1．2kg的沙拉油及400g的焙煎芝麻油，此時油深將為3cm左右。

3cm是炸天婦羅的最佳深度。油量太少，食材可能會黏在鍋底，也可能使得未浸在油中的部分增加，無法炸出漂亮的天婦羅；油量太多，則會拉長食材下鍋後油溫的回升時間，讓天婦羅無法在適溫下油炸。

因此，請各位牢記「平底鍋中油深3cm」的口訣。

＊本書使用的太白芝麻油與焙煎芝麻油品牌分別為「太白胡麻油」及「太香胡麻油 極淡」（皆為竹本油脂株式會社產品）。

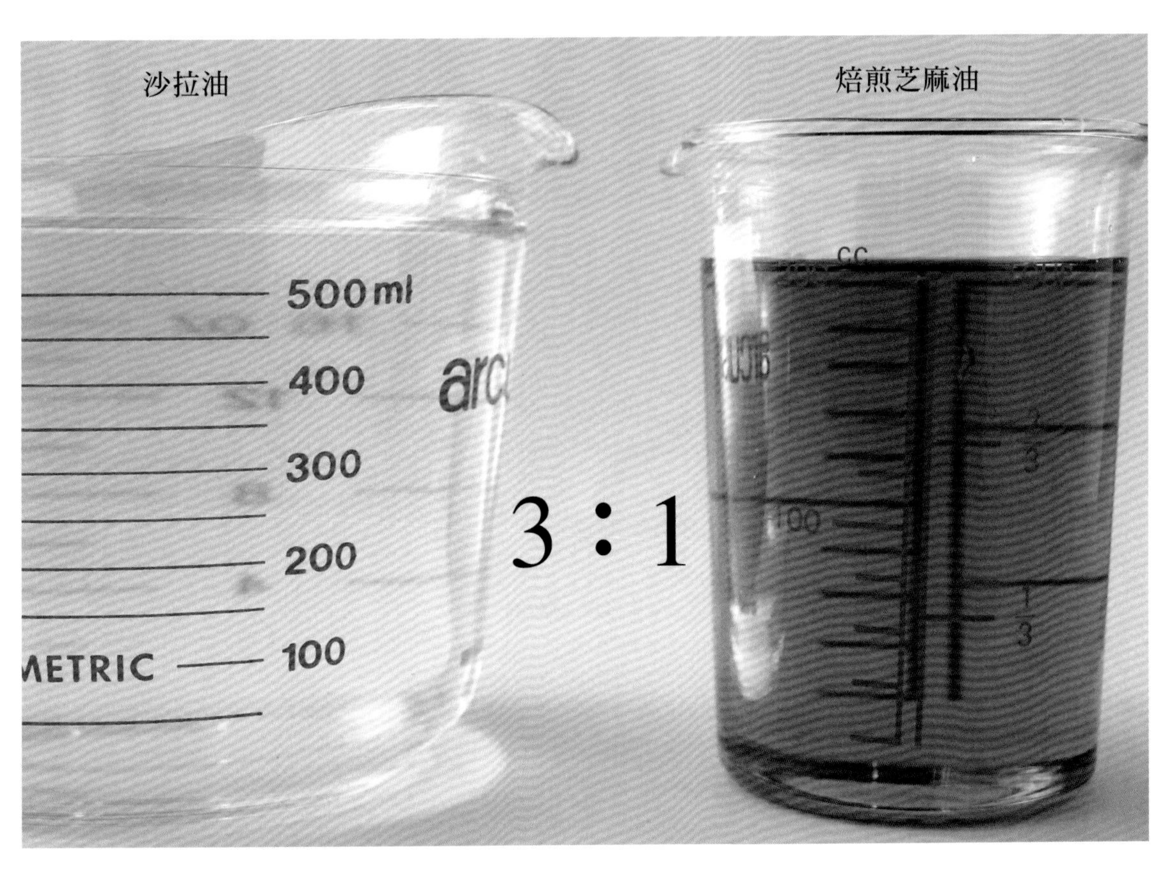
沙拉油
焙煎芝麻油
3：1

製作麵衣的首要步驟是在水中加蛋。

① 將1.6ℓ的水倒入較深的容器中，接著打入4顆蛋。若水倒入容器後水位偏高，攪拌時容易溢出，因此建議使用深度足夠的容器。

終於來到製作麵衣的步驟。

麵衣的材料雖然只有〈低筋麵粉、水、雞蛋〉3樣，但混合順序極為重要。一旦搞錯步驟，就無法製作出好的麵衣，當然也難以炸出漂亮的天婦羅。

首先，要混合水與蛋，製作「蛋汁」。

重點在於「將蛋打入水中」。由於蛋白屬水溶性，若將蛋打入水中，在將蛋黃打散前蛋白就會開始溶於水。先充分攪散沉入鍋底的蛋白，接著打散蛋黃充分混合，就能讓蛋白本身黏稠的部分散開，成為稀滑且均勻的蛋汁。但若以錯誤順序將水倒入蛋中，會讓蛋黃立刻破掉，蛋白也不易溶於水，甚至出現結塊的現象。

建議各位可多準備一些蛋汁。本書介紹的油炸法是先將食材撒裹麵粉後，再沾取麵衣，因此落在麵衣裡的麵粉會愈來愈多，使麵衣變得濃稠。此時若有剩餘的蛋汁，就能輕鬆稀釋變稠的麵衣。此外，當麵衣不足需要追加製作時，多餘的蛋汁就能立刻派上用場。

雖然也有「麵衣中加冰塊降溫，油炸起來會更簡單」一說，但事實並非如此。若加入冰塊反而會加大麵衣與炸油的溫差，增加油炸難度，因此調製麵衣時使用一般冷水即可。

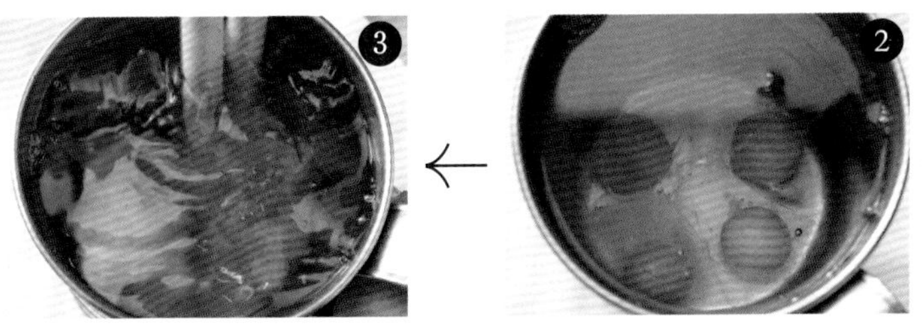

將蛋打入水中，此時水溶性的蛋白會開始自然溶於水中。

攪拌筷抵著容器底部，小幅度用力畫圈，將蛋白攪開。

開始混合蛋黃，此時會逐漸冒出細小泡沫。

泡沫增加後蛋汁高度上升，可能導致蛋汁溢出，因此建議將容器置於料理盆中攪拌。

攪拌均勻後，再將表面的浮沫刮到料理盆中（不使用浮沫）。

調出稀滑的蛋汁。

麵衣與蛋汁比例為1：1。

1 cup
米1合
1/2 cup
Bell-One
耐熱計量カップ
1 cup
米1合
1/2 cup
Bell-One
耐熱計量カップ

蛋汁（13頁）完成後，接著就來製作麵衣。**麵粉一定要預先過篩**。除了避免結塊外，還能讓麵粉帶有空氣，變得更蓬鬆。這樣在與蛋汁混合時麵粉就能快速溶解，調製成又輕又柔的麵衣。篩粉只需進行一次，亦可事先將麵粉篩好備用。只要將篩過的麵粉放入塑膠袋中冷藏保存，即可常保蓬鬆狀態。

接下來，就讓我們混合兩樣材料。**蛋汁與粉的體積比為1：1**。1杯蛋汁搭配1杯麵粉，才能調出水分較多的薄麵衣。麵衣以薄透為佳，畢竟品嘗天婦羅可不是為了吃它的麵衣。

混合麵衣時，須將麵粉分為三次加入蛋汁。少量分次才能快速將兩樣材料完全混合，若一口氣倒入所有麵粉，那麼開始攪拌時，麵粉就會從料理盆中飛散而出。比起筷子，我強烈建議使用打蛋器攪拌。除了一次的攪拌份量較多，減少拌勻所須的攪動次數外，還可避免產生麵筋，導致麵衣黏稠。反覆以畫8字的方式攪拌麵衣，並穿插數次敲打的動作，迅速將麵衣混合完成。

混好的麵衣呈現又稀又水的狀態，稀到撈起時會快速滴落而下。或許有人會擔心麵衣是否過稀，但這才是我想要的麵衣狀態。正因麵衣僅薄薄附著於食材之上，才有辦法充分展現出食材本身的風味及顏色。

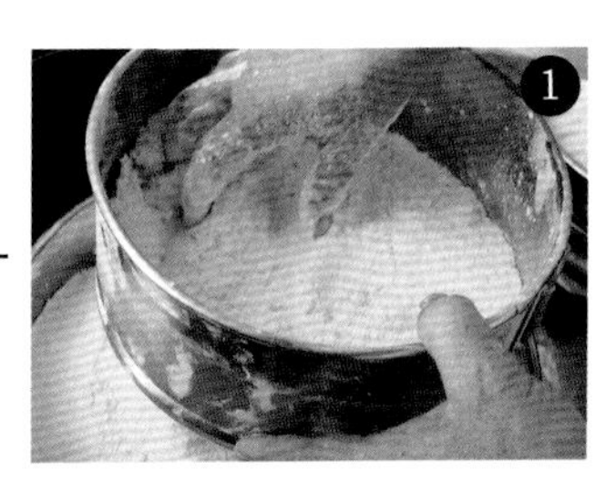

1 將低筋麵粉過篩。網目太小的篩子反而容易讓麵粉相黏，因此使用一般大小的篩網即可。亦可先將麵粉篩好後存放備用。

2 準備同體積量的蛋汁及麵粉。將蛋汁倒入料理盆，接著加入約1/3的麵粉，以畫8字方式用打蛋器攪拌6次左右。少量逐次添加才能讓麵粉更快溶於蛋汁。

3 麵粉完全溶解前，以打蛋器敲打料理盆約10次，讓麵粉下沉，與蛋汁充分混合。

4 將剩餘的麵粉分2次倒入，加粉後，重複步驟❷～❸，進行畫8字與敲打作業。

5 調好的麵衣偏稀為佳。要炸什錦蔬菜等麵衣更薄的天婦羅時，則須在1杯標準的麵衣中另外加入3大匙的蛋汁。

6 以筷子撈起麵衣時，稍微殘留結塊也無妨，完全沒有結塊反而意味著攪拌過度。

先裹粉，再裹麵衣。

接著要進入下鍋油炸前的沾裹麵衣步驟。

製作天婦羅時，一般會直接將食材沾裹麵衣，但近藤流天婦羅是將食材先沾裹麵粉做出薄膜，再浸入麵衣。會這麼做有兩個理由。一是麵衣濃度較低，有時無法順利沾附在食材上，因此麵粉就扮演著黏著劑般的角色，能讓麵衣地均勻包裹食材；其二則是麵粉能吸附食材在油炸過程中滲出的水分，這樣一來不僅能避免炸好的麵衣吸水塌軟，更能保留食材的濕潤口感，風味十足。但要特別注意，裹粉不可過厚。若厚度太厚，沾裹麵衣時可能會使麵粉結塊，因此裹粉時務必敲掉多餘的麵粉。

在家炸天婦羅時，往往會將各種食材同時下鍋油炸，但千萬不可將所有食材都先裹粉備用。這是因為食材的水分會讓麵粉變濕，屆時將無法均勻沾裹麵衣，因此建議下鍋前再裹粉，才能炸出漂亮的天婦羅。

本書中大部分的食材都外裹雙層素材〈麵粉↓麵衣〉，但也有部分食材必須裹上三層素材〈麵衣↓麵粉↓麵衣〉，包括洋蔥、小洋蔥、葉薑等。這些食材因表面光滑或外表形狀特殊，使得麵粉不易附著。只要在裹粉前先沾取少量麵衣，就能讓第二層的麵衣均勻附著。

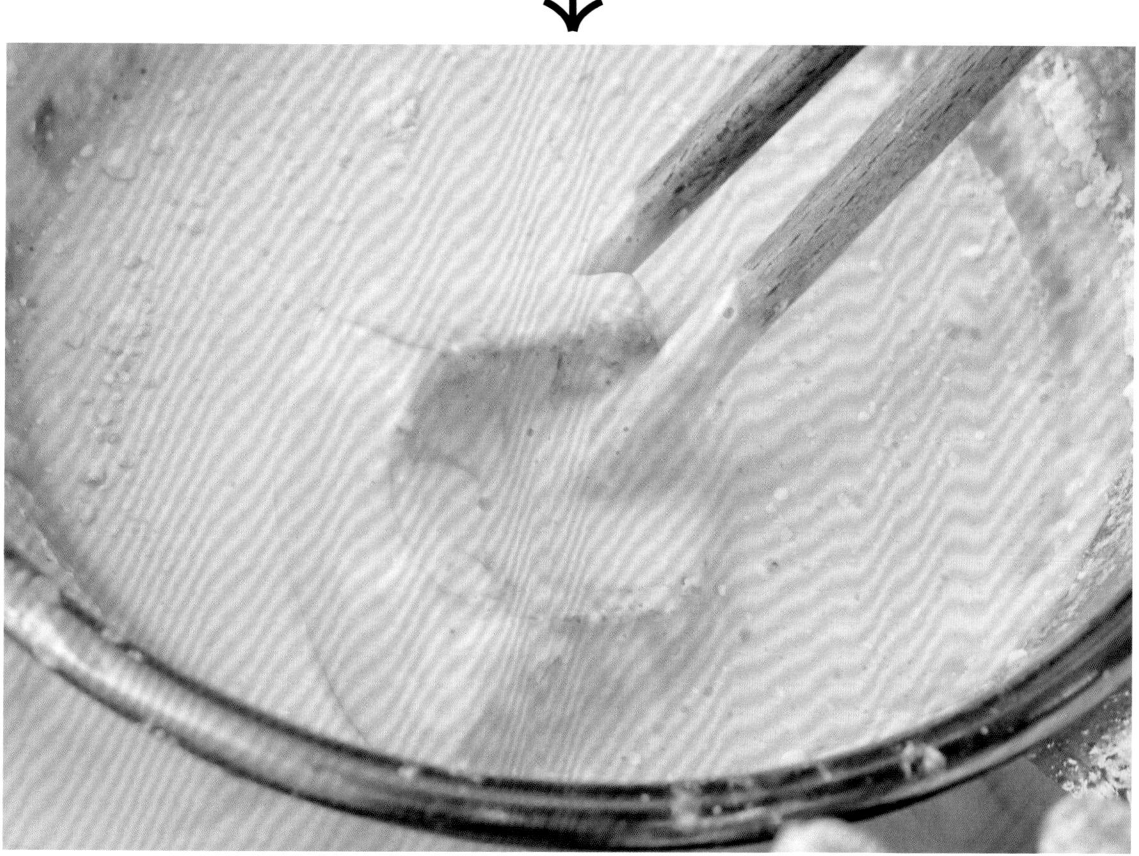

油炸溫度分為3種。

天婦羅的油炸適溫會依食材種類、大小、一次油炸量等因素產生些許差異，但只要記住下列原則，將會相當受用。

〈蔬菜170℃、一般海鮮180℃、星鰻190℃〉

食材放入鍋後油溫會立刻下降，逐一放入的話雖然看不出什麼變化，但實際上在油炸時都會同時放入3～4樣材料，這將會使油溫下降約10℃，讓原本應該有170℃的油溫在油炸時只剩160℃，因此**開始下鍋的溫度要拉高10℃**。尤其是平底鍋的溫度很容易下降，油炸時務必確保適當油溫。不過在油炸小塊食材組合成的什錦天婦羅時，油溫過高反而容易讓食材整個散開，此時的訣竅是先將拉高10℃油溫的炸油關火，食材下鍋後再重新開火，邊炸邊讓油回到適溫。

以氣泡的大小與多寡、噴油聲，以及食材浮起的狀態判斷是否可起鍋是最準確的方法。原本有許多小氣泡的食材經油炸後，氣泡會變大且變少，聲音也會在麵衣水分釋出後，由尖銳轉為低沉的炸聲。原本沉在鍋底的食材也會因水分排出變輕而浮起——這些變化即為將能起鍋的訊號。本書雖列出每種食材的油炸時間，但實際油炸時間會隨單項食材的大小與含水量有所浮動，因此內容僅供參考。接著就讓我們目測麵衣狀態，用聽覺享受下鍋時的油炸聲吧。

炸油溫度的辨別方法

即使沒有溫度計，我們也能用麵衣滴落油中時，浮起的速度、散開的模式、油炸聲及氣泡狀態來判斷油溫。若逐一將食材下鍋油炸，那麼可直接調整為適溫，但若要同時油炸多塊天婦羅，那就必須讓下鍋時的油溫比適溫高出10℃。

190℃的油溫

- 麵衣未下沉，在炸油表面快速散開
- 油炸聲清脆
- 瞬間產生大量小氣泡

180℃的油溫

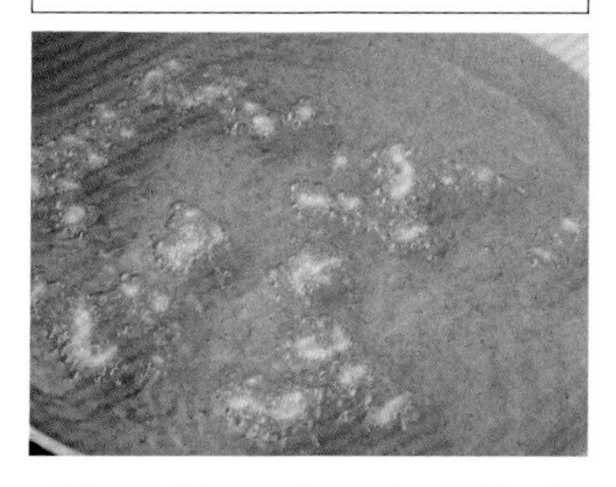

- 麵衣會沉至炸油深度一半處，接著快速浮起
- 油炸聲介於清脆與低沉之間
- 氣泡大小適中，數量較多並快速散開

170℃的油溫

- 麵衣會先沉至鍋底後再浮起
- 油炸聲低沉
- 氣泡大小適中

油炸步驟（以適溫170℃油炸香菇3～4朵）

1 放入180℃的炸油中

將香菇裹粉後沾取麵衣，放入比適溫高出10℃的油中。建議下鍋油炸前使用攪拌筷，下鍋油炸後則使用細料理筷（不鏽鋼製），能較容易夾起食材。

2 油溫降至170℃油炸

油炸期間盡可能不要碰觸食材，以避免變形或麵衣脫落。除了體積大、重量重的食材在翻面時須以筷子夾住外，其餘食材可用筷尖掀撈翻面。

3 起鍋

起鍋後，立刻置於餐巾紙上瀝油。比起平放，直立擺放的瀝油效果更佳。當餐巾紙的瀝油量愈少，就表示炸得相當成功。

有些天婦羅必須以餘溫加熱來完成。

許多人都認為天婦羅起鍋後就算完成。的確，我們能做的步驟都做完了，但其實烹調過程仍在持續進行中，也就是利用餘溫持續加熱。

透過科學角度，我們已得知天婦羅起鍋後，餘溫會讓食材中間的溫度上升，並在數分鐘後才開始降溫。根據某大學的實驗發現，魷魚起鍋時中間的溫度雖為40℃左右，但卻會受餘溫影響攀升至60℃，並於數分鐘後才又降回至40℃。

無論是油炸哪種食材，都會出現餘溫加熱的情形。天婦羅熱透前的1～2分鐘將是最佳的起鍋時間點，因此需確實掌握每種食材的差異。本書所記載的油炸參考時間便是根據此理論實際測得的分鐘數。

在我的店裡除了有以一般方式油炸的天婦羅外，還有將切成大塊，長時間油炸後起鍋的蔬菜以廚房紙巾包裹10分鐘進行餘溫加熱的天婦羅。敝店的招牌厚切番薯及南瓜都是以此方式烹調。突顯出薄切天婦羅缺少的鬆軟口感、濃厚的鮮甜及香氣，此即大塊食材透過餘溫才能展現的風味。

本書的使用方法

此頁將介紹如何充分運用書中的食譜，做出美味的天婦羅。

附圖介紹天婦羅起鍋時的重點以及目標成品，讓味道更接近專業水準。讓我們一同朝頂級風味邁進。

以黃色標記出特別重要的部分，因此務必詳閱內容。

料理擺盤參考。各位不妨以圖中的成品為目標，掌握天婦羅的顏色、麵衣薄度、質感及亮澤等呈現方式。

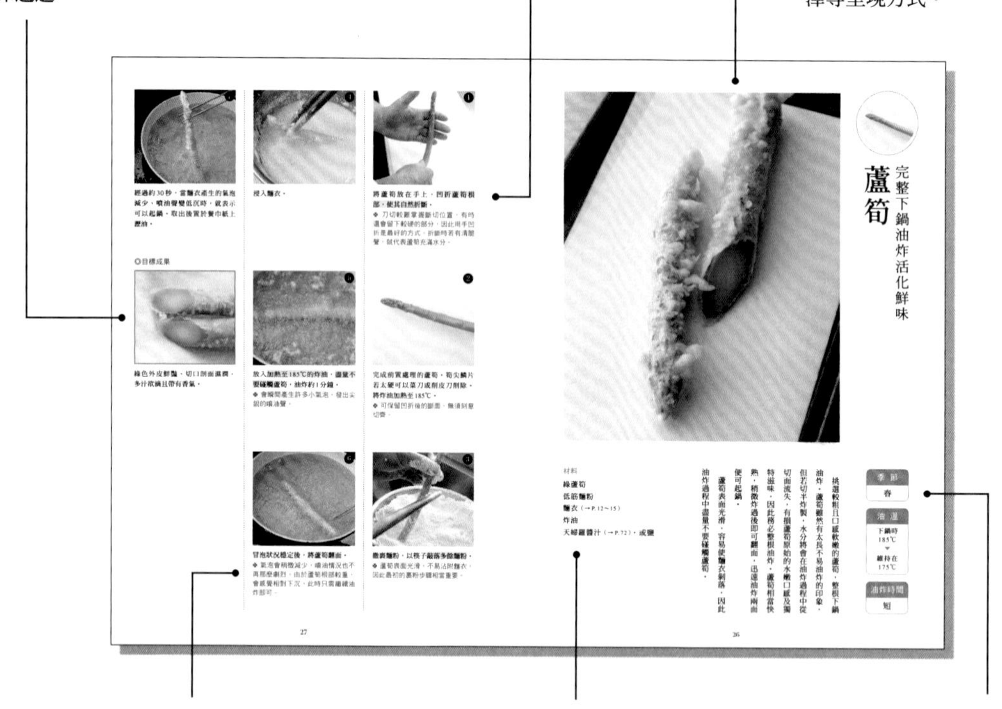

做法記載於圖片下方，油炸時間為實測值，供各位參考。做法下方的咖啡色文字為近藤主廚的建議及感想，大多是其他食譜沒提到的重要內容，敬請各位充分運用。

製作料理所需的材料一覽。可依自己喜好決定食材多寡，因此書中並未特別列出用量。此外，食材份量也會影響麵衣用量，料理時請自行酌量增減。

近藤主廚推薦的盛產季節、炸油溫度及油炸參考時間。油炸時間若少於3分鐘會標註「短」、3～5分鐘為「中」、5分鐘以上則為「長」。本文內容則介紹有食材風味、製作時的訣竅、建議品嘗方式等。

【材料、計量說明】

關於計量

1小匙＝5mℓ、1大匙＝15mℓ、1杯＝200mℓ。

關於材料

- 若無特別標註，本書使用的砂糖為上白糖、鹽為乾爽的天然海鹽、醋為穀物醋、醬油為濃味醬油、酒為清酒、蛋則使用M號的中蛋。

- 本書使用的「焙煎芝麻油」為竹本油脂株式會社的「太香胡麻油 極淡」，產品特徵在於澄澈的琥珀色與穩定的香氣表現。除了味道不會過重外，還能充分展現食材的食材本身的鮮美，讓油的濃郁風味更具深度。
詳情請洽／竹本油脂株式會社
TEL 0120-77-1150　https://www.gomaabura.jp/

第一章

蔬菜與菇類天婦羅

近藤文夫主廚所提出的
「蔬菜天婦羅」
使用季節感鮮明的食材，
讓人能透過天婦羅
感受四季氛圍。
從一年皆有的蔬菜，
到季節限定食材，
讓我們抱著期待的心情
一同製作吧。

我還在進行修業的年代裡，在東京地區說起天婦羅指的絕對都是海鮮天婦羅。若以蔬菜為食材，就會被認為「只不過是配菜」。江戶前天婦羅的歷史中，蔬菜登場的時間雖然晚了一些，但只要油炸方式得宜，可是能成為令人驚豔的上等天婦羅。

近年來，一年四季皆可取得的蔬菜種類愈來愈多，但還是有不少只在某些特定時節出現的季節性蔬菜，以及當季才有辦法品嘗到應有風味的食材。天婦羅是裹上麵衣油炸，透過「悶蒸食材」的方式鎖住水分及香氣的料理，其中蔬菜天婦羅又更能直接發揮食材既有的風味。各位不妨在品嘗當季的天婦羅時充分享受四季變換帶來的樂趣。

本章除了介紹洋蔥、茄子等天婦羅常見的蔬菜外，還會使用馬鈴薯、栗子、秋葵、油菜花，以及口感辛辣的蘘荷、生薑等，較少出現在天婦羅料理的蔬菜種類。就讓我們使用當季新鮮食材，充分品嘗來自蔬菜的風味吧。

蔬菜天婦羅　料理三訣竅

一

濕潤感及香氣是關鍵！

我希望炸出品嘗時會飄散出食材香氣的天婦羅，含水量較多的食材則能像是水分快要溢出來般於口中擴散，這才是品嘗蔬菜天婦羅的樂趣。既然要製作天婦羅，當然要選用新鮮蔬菜，裹麵粉→沾麵衣，接著下鍋油炸，當然還要注意不可炸太久。就讓我們一起輕鬆處理食材吧。

二

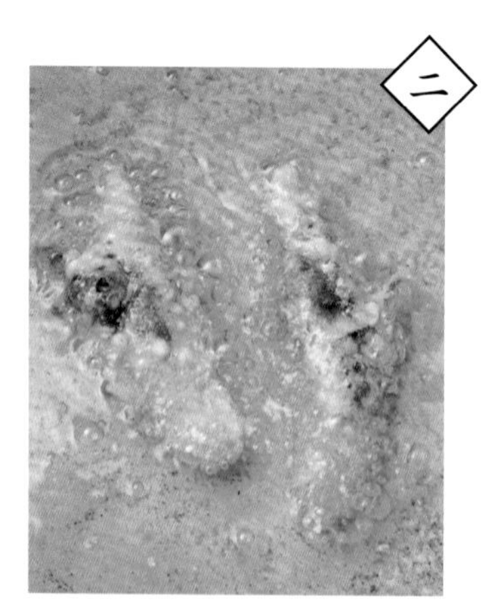

油炸基本溫度為170～175℃

炸天婦羅的訣竅在於須維持固定油溫。大多數的蔬菜油炸適溫較海鮮類來得低，以170～175℃油炸。透過麵衣間接加熱，呈現出蔬菜在生食狀態下品嘗不到的濕潤及咀嚼感。蔬菜天婦羅不用像海鮮天婦羅一樣加熱蛋白質，因此以偏低的溫度油炸即可。

三

讓澀味變鮮味

無論是蔬菜或菇類基本上都無須水洗，尤其是蓮藕這類帶澀味的食材更不可直接沖水。一旦沖水就會殘留水分，下鍋時將非常容易噴油，也會洗掉蔬菜的鮮味。因此若食材帶有髒污時，以布巾擦拭乾淨即可。此外，下鍋油炸後食材的澀味也會轉變為鮮味及香氣。也只有天婦羅，才能如此發揮食材本身具備的風味。

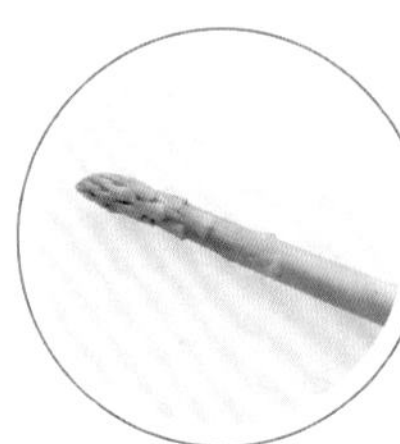

蘆筍

完整下鍋油炸活化鮮味

季節
春

油溫
下鍋時 185℃ ▼ 維持在 175℃

油炸時間
短

挑選較粗且口感軟嫩的蘆筍，整根下鍋油炸。蘆筍雖然有太長不易油炸的印象，但若切半炸製，水分將會在油炸過程中從切面流失，有損蘆筍原始的水嫩口感及獨特滋味，因此務必整根油炸。蘆筍相當快熟，稍微炸過後即可翻面，迅速油炸兩面便可起鍋。

蘆筍表面光滑，容易使麵衣剝落，因此油炸過程中盡量不要碰觸蘆筍。

材料

綠蘆筍

低筋麵粉

麵衣（→P. 12～15）

炸油

天婦羅醬汁（→P. 72），或鹽

將蘆筍放在手上，凹折蘆筍根部，使其自然折斷。

※ 刀切較難掌握斷切位置，有時還會留下較硬的部分，因此用手凹折是最好的方式。折斷時若有清脆聲，就代表蘆筍充滿水分。

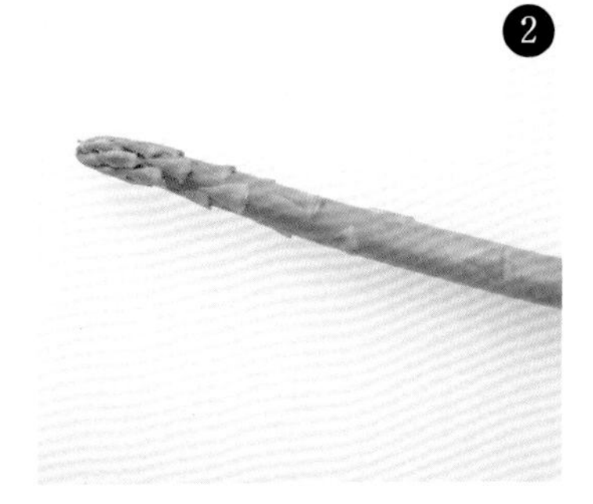

完成前置處理的蘆筍。筍尖鱗片若太硬可以菜刀或削皮刀削除。將炸油加熱至185℃。

※ 可保留凹折後的斷面，無須刻意切齊。

撒裹麵粉，以筷子敲落多餘麵粉。

※ 蘆筍表面光滑，不易沾附麵衣，因此最初的裹粉步驟相當重要。

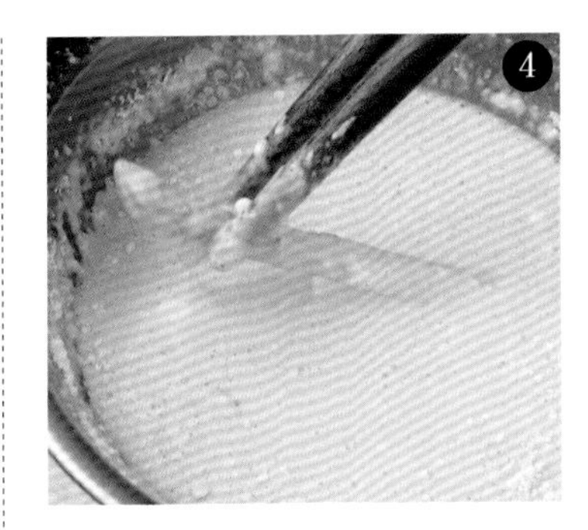

浸入麵衣。

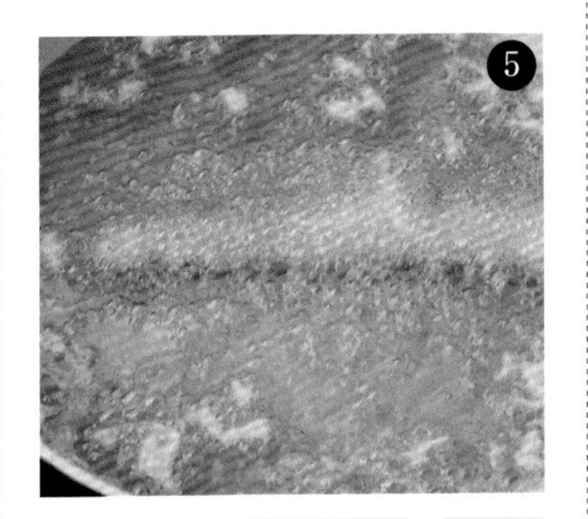

放入加熱至185℃的炸油，盡量不要碰觸蘆筍，油炸約1分鐘。

※ 會瞬間產生許多小氣泡，發出尖銳的噴油聲。

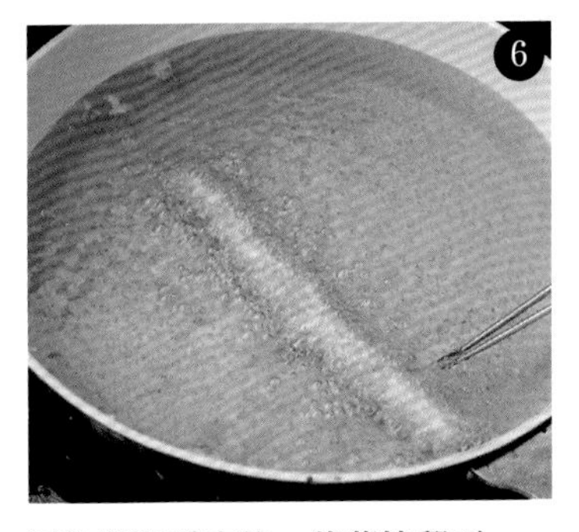

冒泡狀況穩定後，將蘆筍翻面。

※ 氣泡會稍微減少，噴油情況也不再那麼劇烈。由於蘆筍根部較重，會感覺相對下沉，此時只需繼續油炸即可。

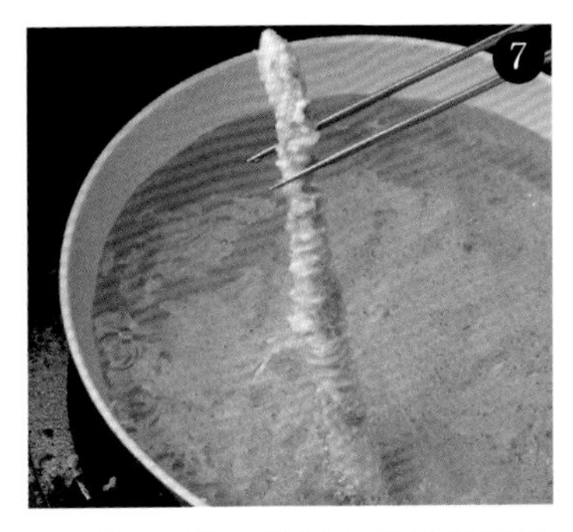

經過約30秒，當麵衣產生的氣泡減少、噴油聲變低沉時，就表示可以起鍋。取出後置於餐巾紙上瀝油。

◎目標成果

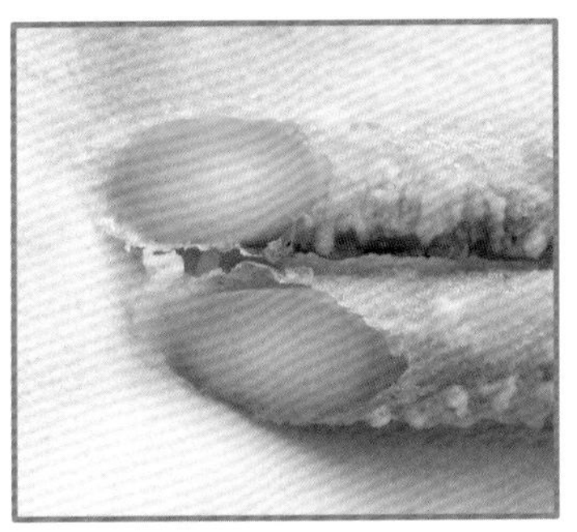

綠色外皮鮮豔、切口剖面濕潤，多汁欲滴且帶有香氣。

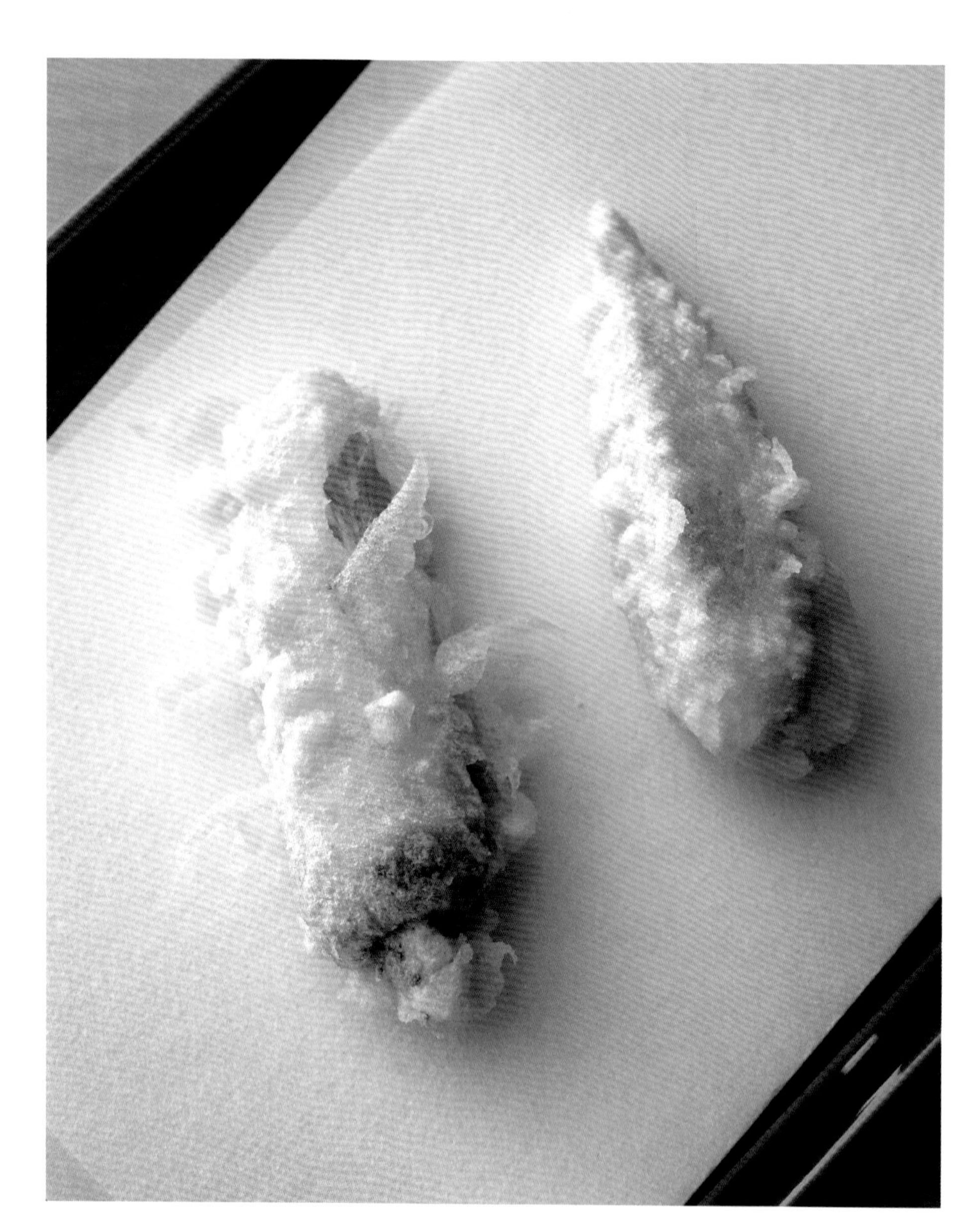

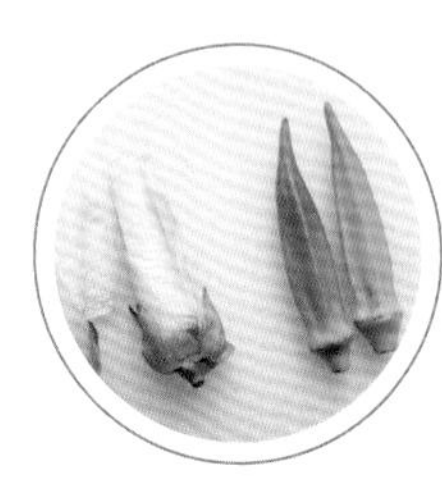

秋葵

嫩軟又充滿香氣

季節
夏

油溫
下鍋時
180℃
▼
維持在
170℃

油炸時間
短

秋葵的果實及花朵皆可做成天婦羅，義式料理中的炸櫛瓜花（裏麵衣油炸）與秋葵花天婦羅可說如出一轍。大朵的黃色秋葵花瓣美麗又惹人憐愛，同時也是能美味品嘗的食材。選用花瓣即將綻放的花朵作為天婦羅的食材，若能取得盛產期的秋葵花，非常推薦各位試試；果實部分則建議選用尺寸較小且較軟的秋葵。無論是秋葵或秋葵花都相當快熟，因此迅速油炸後便可起鍋。一般來說花朵油炸時間不超過1分鐘，果實則為1分多鐘。

材料
秋葵
秋葵花
低筋麵粉
麵衣（→P12～15）
炸油
天婦羅醬汁
（→P72），或鹽

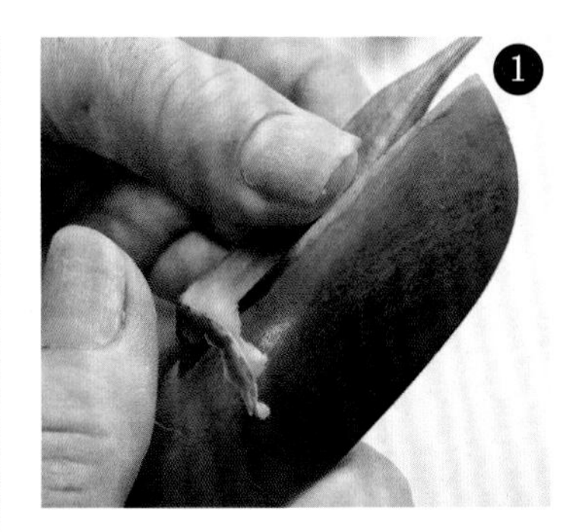

處理秋葵果實時，盡可能切短蒂頭，並以菜刀將邊緣較硬的外凸處切除。

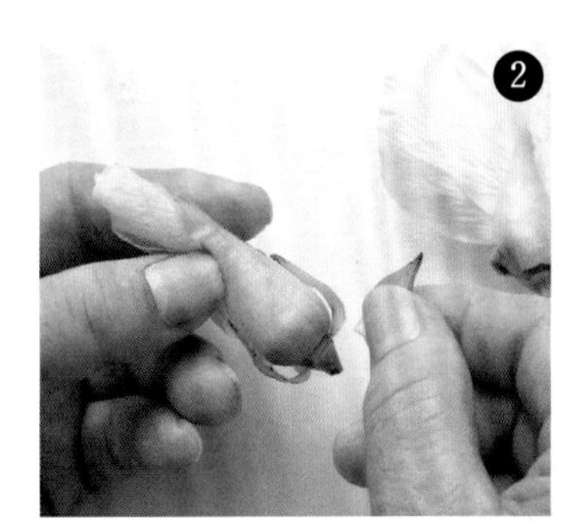

用手剝除秋葵花的花萼。

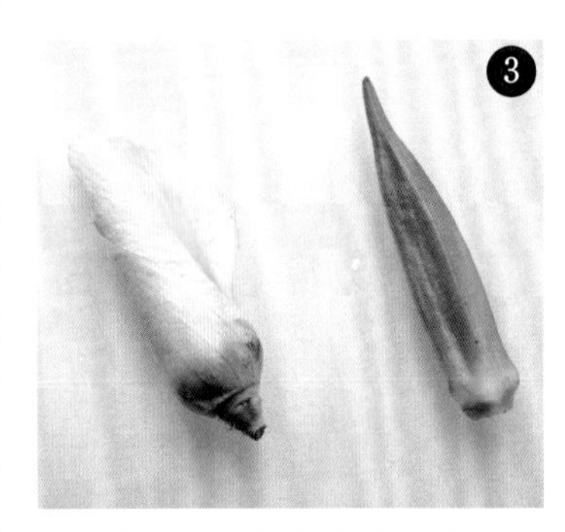

完成前置處理的秋葵花（左）與果實（右）。將炸油加熱至180℃。

撒裹麵粉，以筷子敲落多餘麵粉。

浸入麵衣。

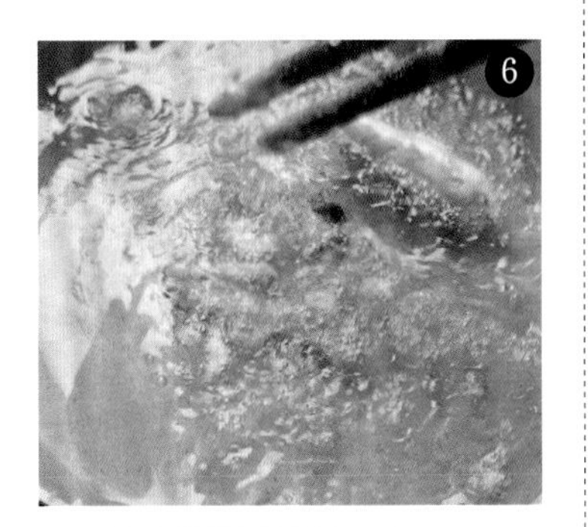

放入加熱至180℃的炸油，盡可能不要碰觸食材。

※ 會瞬間產生許多小氣泡，發出尖銳的噴油聲。

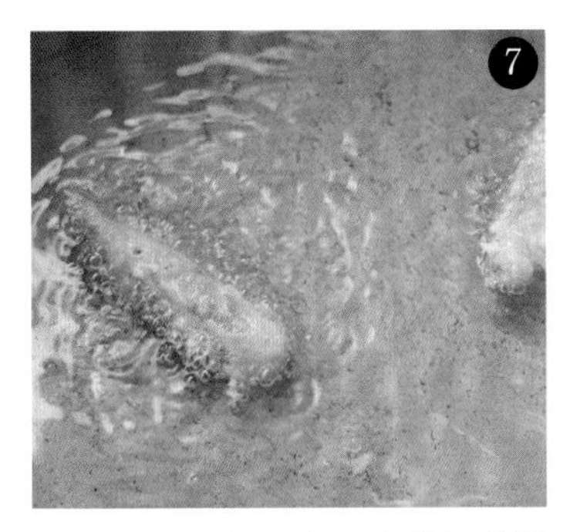

經過40秒左右，當冒泡狀況變穩定後，將食材翻面。

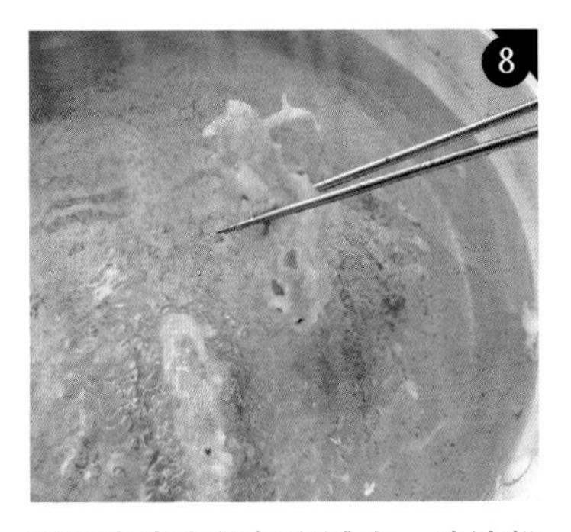

當麵衣產生的氣泡減少、噴油聲變低沉時，就表示可以起鍋。秋葵花的油炸時間約為50秒，果實約為1分10秒。取出後置於餐巾紙上瀝油。

◎目標成果

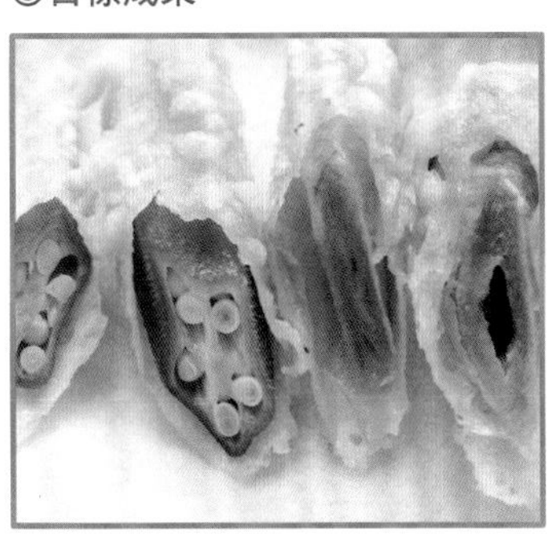

麵衣酥脆，內裡口感柔軟扎實。

小洋蔥

半生不熟層次口感就是美味祕訣

季節
夏

油溫
下鍋時
180℃
▼
維持在
170℃

油炸時間
長

將小洋蔥整顆下鍋油炸，中間保留略生風味，約2分生、8分熟，展現出層次差異。略生的部分雖然留有些許的辣味及苦味，但正因這些風味才能強調出接近表面的部分充分熟透的甜味，成為清爽而口感鮮明的天婦羅。光只有甜味無法呈現出最高水準的美味，必須讓辣味、苦味、甜味協調展現層次感。下鍋時間為5分鐘以上，以慢火悶蒸的方式油炸。

材料
小洋蔥
低筋麵粉
麵衣（→P12～15）
炸油
天婦羅醬汁（→P72），或鹽

■ 牙籤

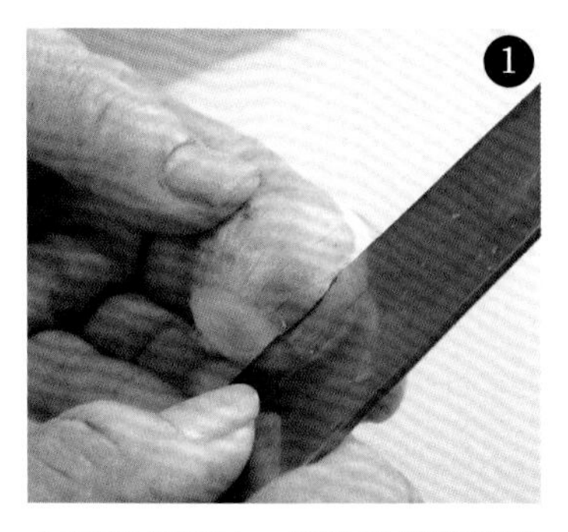

小洋蔥去頭尾，並於側邊淺淺劃一下刀。

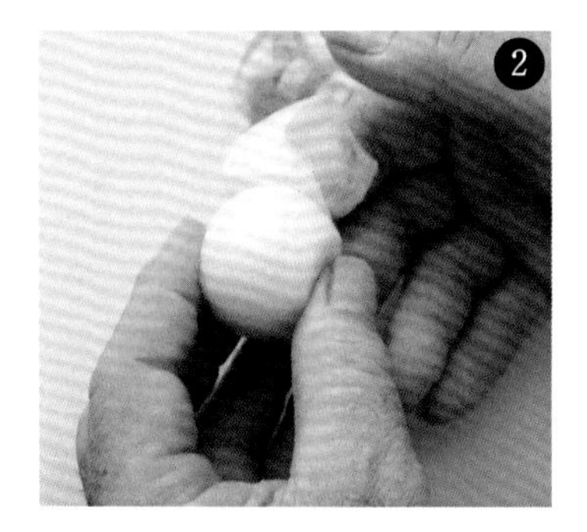

從劃刀處將皮剝除。

✽ 若剝除過程中鱗葉破損，則將該片整片剝除，確保洋蔥表面光滑無缺。此外，若在上方劃十字，加熱時將會使火力過度集中，因此無須另劃十字。

上方邊緣斜插牙籤，插入深度須至洋蔥中心。將炸油加熱至180℃。

✽ 若從正上方插入牙籤將容易脫落，因此須斜斜插入。用筷子不易夾取小洋蔥，因此可拿取牙籤部分，讓作業更輕鬆。

先浸入麵衣中。

✽ 洋蔥表面相當光滑，不易沾附麵粉，因此若像其他天婦羅一樣直接裹粉，麵粉將無法順利附著。因此先裹上麵衣，讓麵粉更容易沾附。亦可增加濃稠度。

裹粉後，再次浸入麵衣。

✽ 沾裹兩次麵衣，並確保麵衣厚度適中。

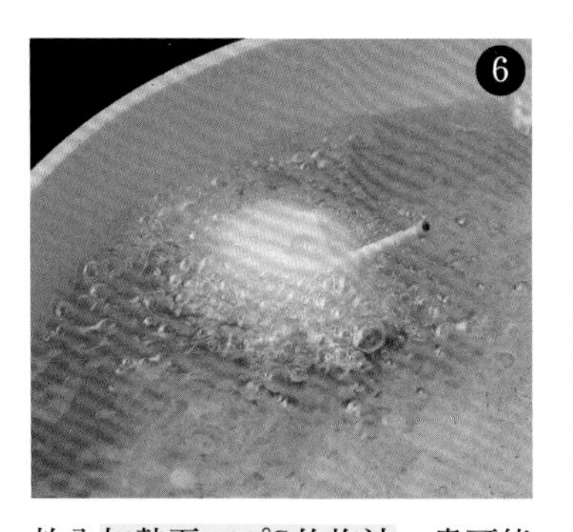

放入加熱至180℃的炸油，盡可能不要碰觸食材，油炸1分鐘左右。

✽ 會瞬間產生許多小氣泡，發出尖銳的噴油聲。

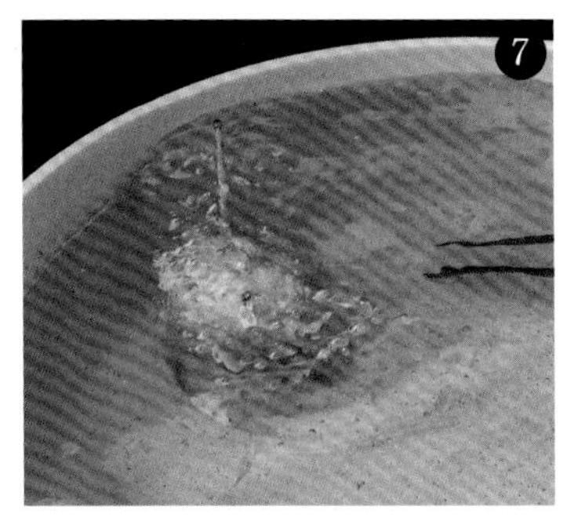

接著翻面5～6次，油炸約5分鐘。

✽ 約1分鐘翻面1次，等待翻面的過程中盡量不要碰觸小洋蔥，目測觀察狀態即可。油炸時間過半後，將平底鍋斜放增加炸油深度。若小洋蔥傾斜地浮於油面，即表示已8分熟。

油炸至麵衣產生的氣泡減少、噴油聲變低沉。取出後置於餐巾紙上瀝油。

◎目標成果

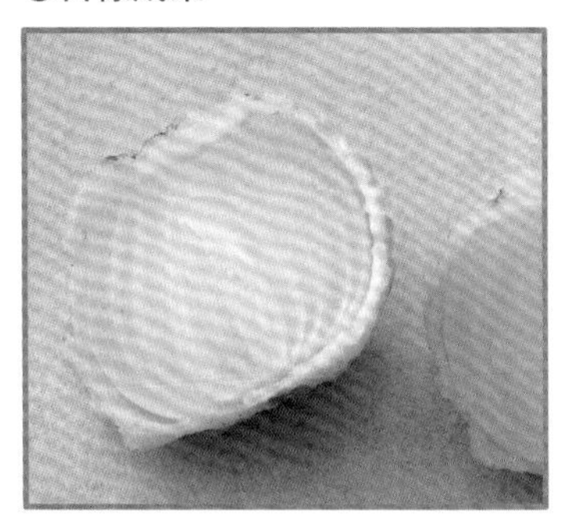

整顆直接擺盤，利用餘溫加熱至最後。洋蔥芯保留少許的乳白色，嘗起來是清爽的辣味；四周顏色透明，充滿甜味。

洋蔥

爽脆口感也十分美味

季節

春
（新玉蔥）
冬
（秋收洋蔥）

油溫

下鍋時
180℃
▼
維持在
170℃

油炸時間

短

洋蔥一般都會細切做成什錦天婦羅，但其實將洋蔥切成扇形，以牙籤固定下鍋油炸，不僅視覺美觀，還能充分品嘗到洋蔥本身水嫩又爽脆的口感。洋蔥的炸法與小洋蔥相同，將外圍充分炸熟，中間則稍微保留略生狀態，讓甜味及淡淡的辣味同時存在。

春天的新玉蔥口感清爽，冬天的秋收洋蔥則帶有濃郁甜味，不同季節產生的美味逸趣，請各位一定要品嘗看看。

材料

洋蔥
低筋麵粉
麵衣（→P12～15）
炸油
天婦羅醬汁
（→P72），或鹽

■牙籤

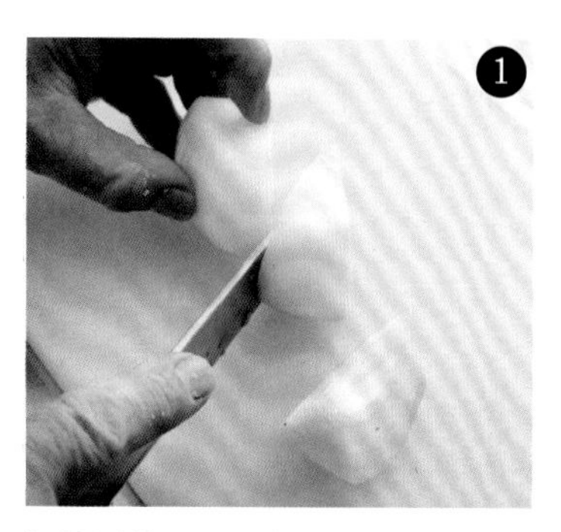

切除洋蔥頭尾，剝皮後縱切成6～8等分（約3㎝寬）的扇形。

✽ 帶綠色的部分雖然口感稍硬，但品嘗起來也很美味。最中間的小片洋蔥容易脫落，因此可做為什錦天婦羅使用。

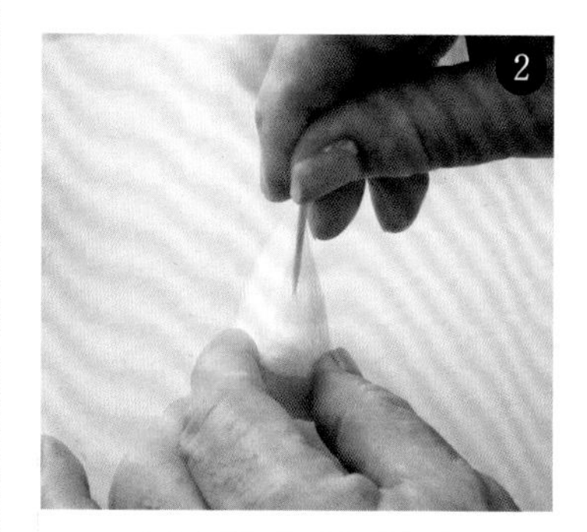

將牙籤深深插入內緣正中央。

✽ 確實將牙籤下插能避免洋蔥散開，使油炸過程更順利。

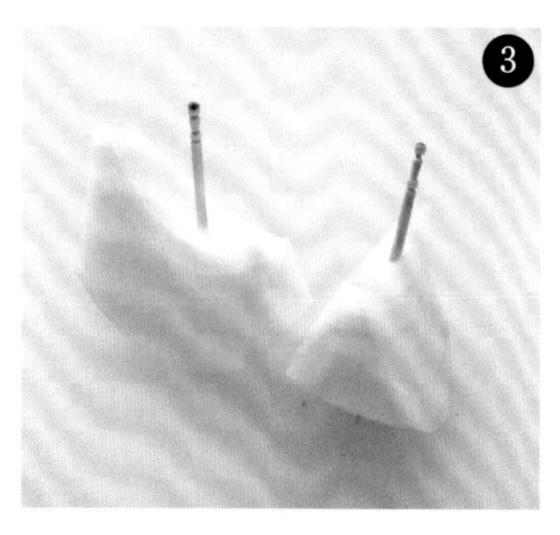

完成前置處理的洋蔥。將炸油加熱至180℃。

握住牙籤，先將洋蔥浸入麵衣，接著撒裹麵粉。

✽ 洋蔥表面相當光滑，不易沾附麵粉，直接裹粉可能使麵粉無法順利附著。因此先裹上麵衣，讓麵粉更容易沾附。

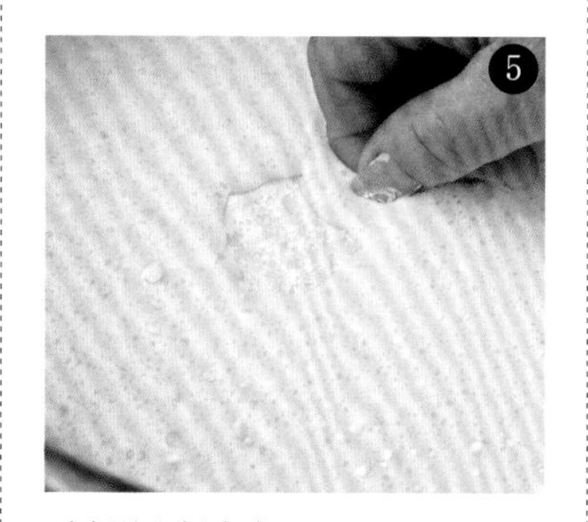

再次浸入麵衣中。

✽ 沾裹兩次麵衣，讓麵衣厚度適中。

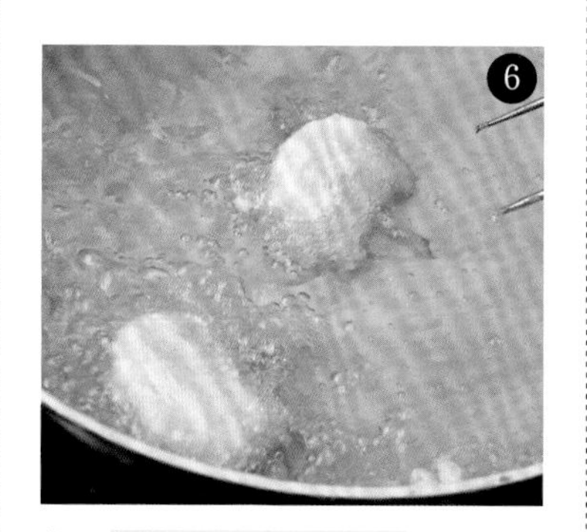

放入加熱至180℃的炸油，盡可能不要碰觸食材，油炸30秒左右。

✽ 以牙籤側倒的狀態油炸加熱洋蔥。

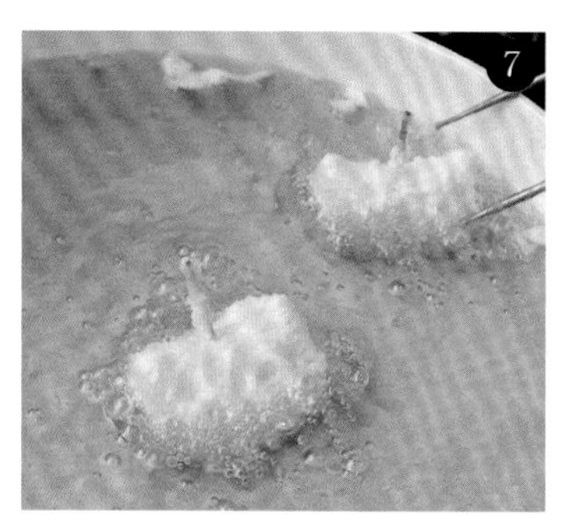

待下方的麵衣定型後，翻面並迅速油炸，接著將牙籤立起朝上，再炸1分鐘左右。

✽ 立起牙籤，充分加熱較厚的部分。

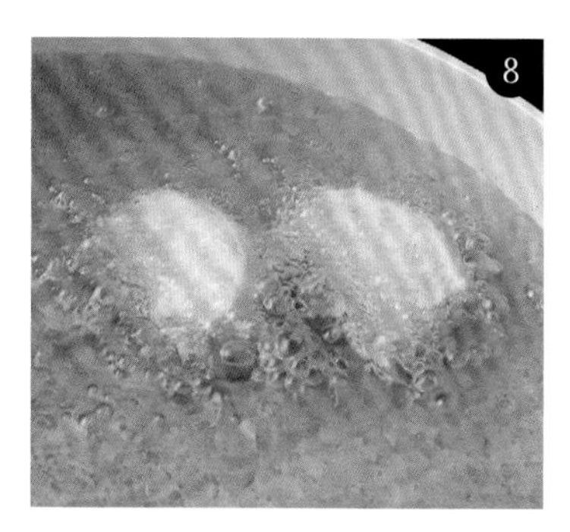

再次將洋蔥翻倒，油炸兩側切面。

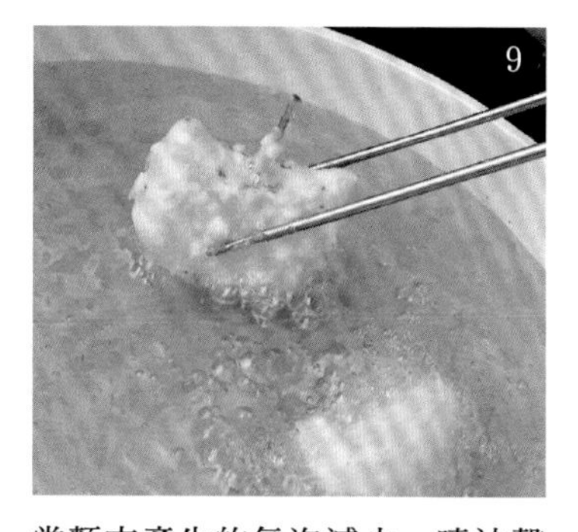

當麵衣產生的氣泡減少、噴油聲變低沉，且稍微炸出顏色時，即可起鍋並置於餐巾紙上瀝油。目標的成品狀態是有炸熟並保留爽脆口感。

✽ 拔除牙籤後盛盤。

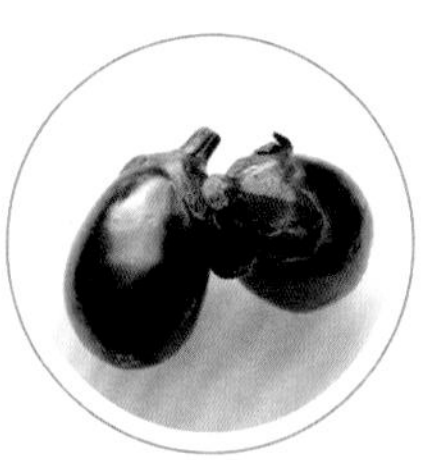

茄子

多汁不帶油膩感

季節
夏

油溫
下鍋時
180℃
▼
維持在
170℃

油炸時間
中

在眾多茄子種類中，小型的圓茄子較適合用來做成天婦羅。雖說也可使用長茄子，但圓茄子除了較美味外，炸出來的形狀也相當圓胖可愛。先對半縱切，接著劃切細紋成「茶刷造型茄」，加熱時間不僅較短且均一，更不會吸取過量炸油。然而，若細紋間滲入麵衣會增加油膩感，因此油炸茄子時，只須表面沾裹麵衣即可。

油炸時間約5分鐘。只要茄肉帶酥脆口感並保留多汁的扎實感，就表示炸得十分成功。

材料

茄子*
低筋麵粉
麵衣（→P12～15）
炸油
天婦羅醬汁
（→P72），或鹽

＊圖中使用8㎝圓茄子，
亦可使用一般的長茄子。

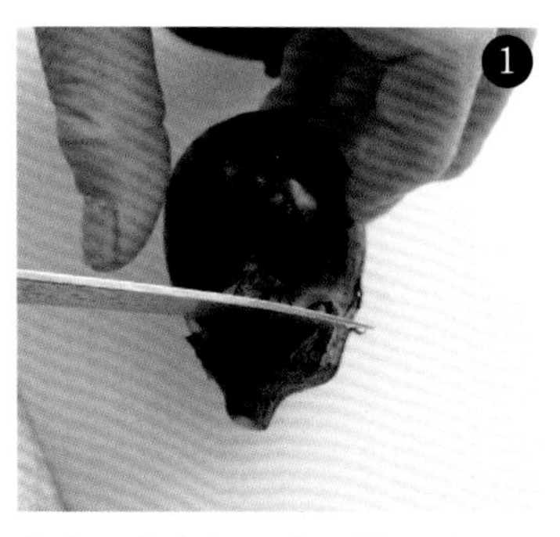

將菜刀靠在短果萼前端，轉動茄子，切下長果萼外凸的部分。

✽ 這樣就能切齊果萼的長度。記住只須輕輕地將菜刀靠在茄子上，不可將果肉切開。

將茄子對半縱切，切口朝下。從邊緣劃入寬約2～3㎜的切痕，切痕長度約為果實的2/3長。

✽ 茄子的澀味會變成鮮味，因此請勿浸水。此外，若切好後立刻下鍋，炸油還能保留住茄子的色澤。

從上面將切痕漂亮地壓開，讓茄子呈現茶刷的形狀。將炸油加熱至180℃。

✽ 若是使用長茄子，同樣須進行1～3步驟。

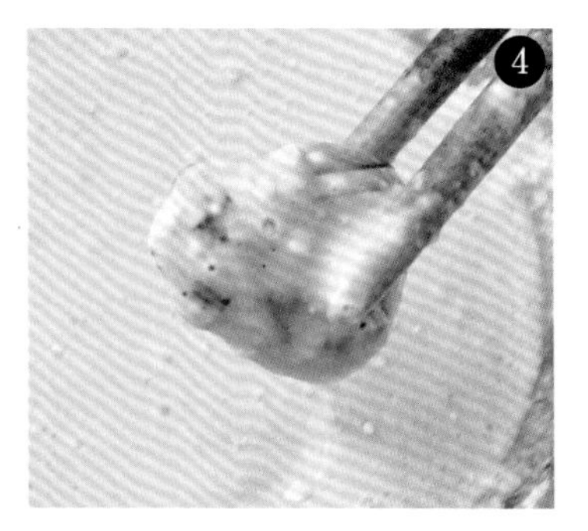

撒裹麵粉，以筷子敲落多餘麵粉，接著浸入麵衣中。

✽ 注意不可讓粉及麵衣滲入切痕深處。此外，筷子夾住的部位若施力較大，也會讓麵粉或麵衣脫落，因此輕輕握持即可。

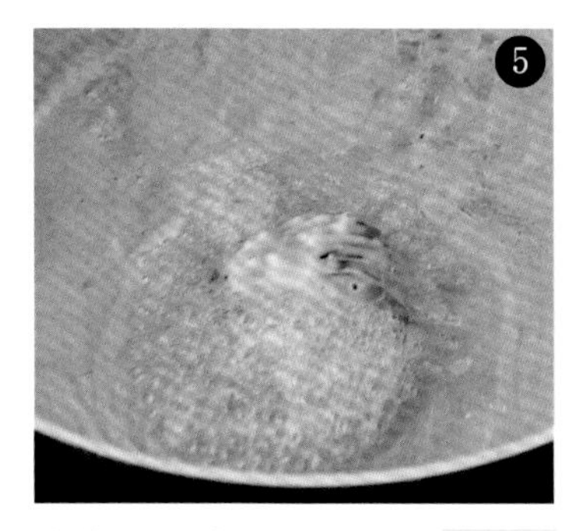

將茄子果皮朝上，放入加熱至180℃的炸油。

✽ 茄子果皮相當光滑，麵衣不易沾附，因此料理時，要記住沾取麵衣後立刻下鍋的訣竅。

油炸約20秒後，以筷子撇撈翻面，讓茄子果皮朝下，再油炸1分鐘左右。

✽ 為了避免果皮的麵衣滴垂累積在下方，因此必須迅速翻面。

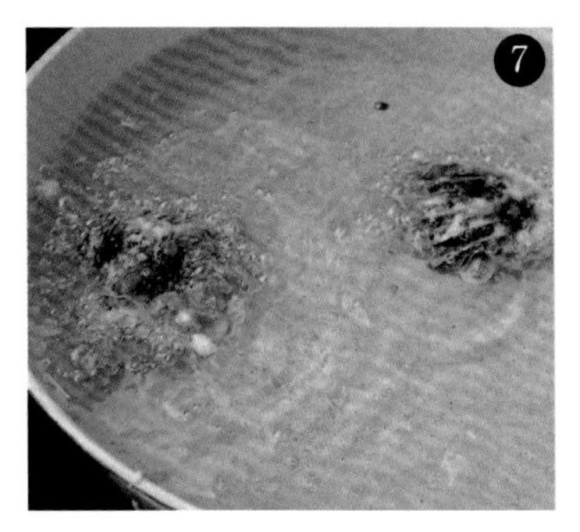

接著再翻面數次，均勻油炸雙面3～4分鐘左右。

當切面帶淡褐色時，就代表可以起鍋，取出後置於餐巾紙上瀝油。

◎目標成果

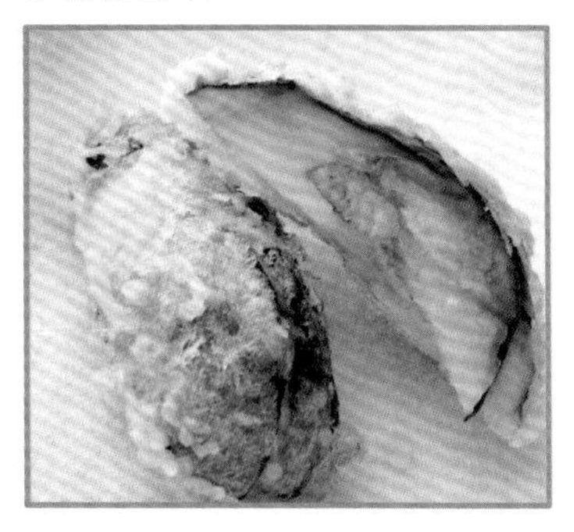

雖然茄子非常會吸油，但麵衣在此形成一層防護，讓果肉本身多汁扎實不油膩，且軟硬適中，保留茄子的嚼勁。

青椒

清新香甜在口中擴散

季節
夏

油溫
下鍋時
180℃
▼
維持在
170℃

油炸時間
短

敝店所提供的青椒天婦羅使用名為「あきの」的品種，特色是籽軟且不帶苦味，因此使用時不經切開，整顆下鍋油炸。一般超市賣的青椒建議還是切開並去除蒂頭及籽後再來油炸。然而，切太小塊反而不容易品嘗到青椒獨特的風味，因此建議切半即可，盡可能保留原本形狀。尺寸較大的青椒風味鮮明，吃的時候會有「真的在吃青椒！」的實際感受。青椒果肉較薄，因此油炸2分鐘左右即可。

材料

青椒
低筋麵粉
麵衣（→P12～15）
炸油
天婦羅醬汁（→P72），或鹽

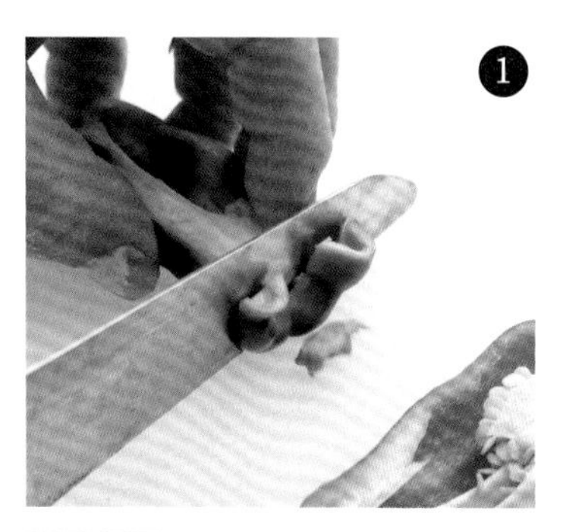

對半縱切，直直切除上方蒂頭。

※ 用手剝除蒂頭會不夠漂亮整齊，因此建議以菜刀直直切除。

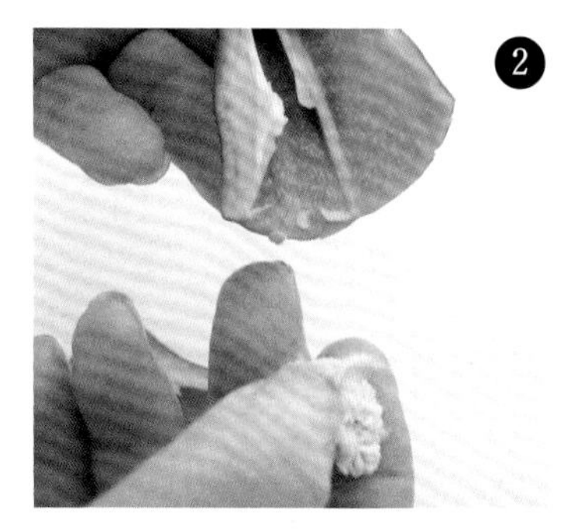

以手剝除籽與白膜。

完成前置處理的青椒。將炸油加熱至180℃。

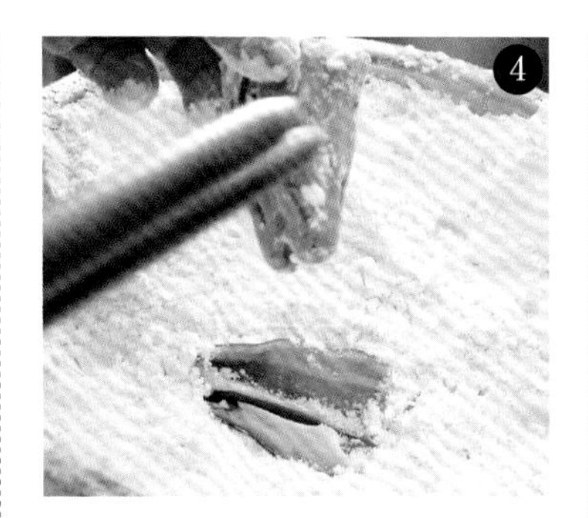

撒裹麵粉，以筷子敲落多餘麵粉。

浸入麵衣。

※ 青椒凹槽裡的麵衣須瀝乾淨，避免殘留過量麵衣。

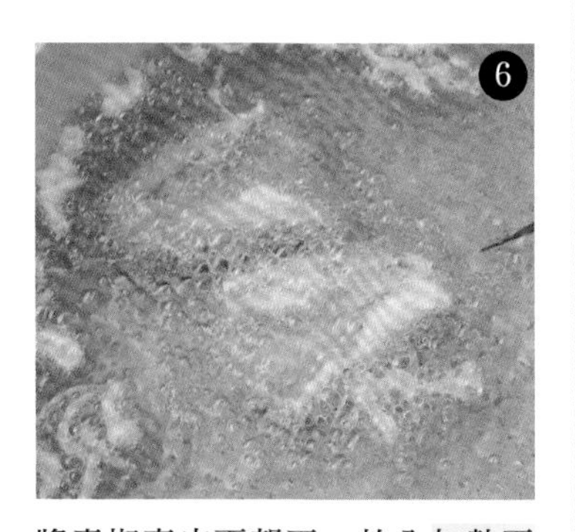

將青椒亮皮面朝下，放入加熱至180℃的炸油，油炸1分鐘左右。

※ 青椒的形狀就像是一座山，若下鍋時青椒皮朝上，將會讓麵衣滑落，使青椒皮的麵衣變薄。

當青椒皮的麵衣定型後，翻面再油炸約30秒。

※ 太早翻面可能會出現青椒皮麵衣尚未定型的情況，因此須確實等到定型後再翻面。青椒內側肉質柔軟，因此迅速油炸即可。

再稍微將雙面油炸15秒左右，當麵衣產生的氣泡減少、噴油聲變低沉時，即可起鍋並置於餐巾紙上瀝油。

◎目標成果

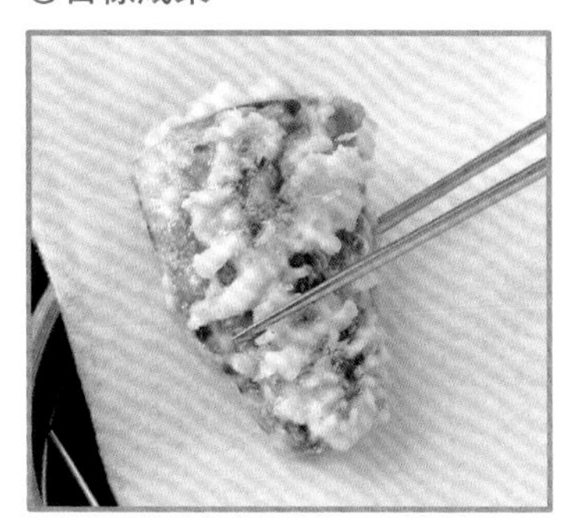

麵衣的薄度能夠看見綠色，充分展現青椒風味。炸太久會讓青椒變得軟爛，迅速油炸起鍋則為酥脆口感加分不少。

獅子辣椒

為天婦羅拼盤畫龍點睛

季節
夏

油溫
下鍋時
180℃
▼
維持在
170℃

油炸時間
短

獅子辣椒雖然不大，卻擁有清新香甜及微辣口感，是種風格相當強烈的蔬菜，放入天婦羅拼盤極具畫龍點睛之效。

油炸時的訣竅為2條一組，這樣一來不僅更具份量，油炸中也較容易翻面，讓成品能更加漂亮。若以牙籤直接刺穿正中央反而難以固定，因此穿過固定處須為較硬的蒂頭處。獅子辣椒體積小，油炸1分鐘左右即可起鍋。

材料
獅子辣椒
低筋麵粉
麵衣（→P12～15）
炸油
天婦羅醬汁（→P72），或鹽

■ 牙籤

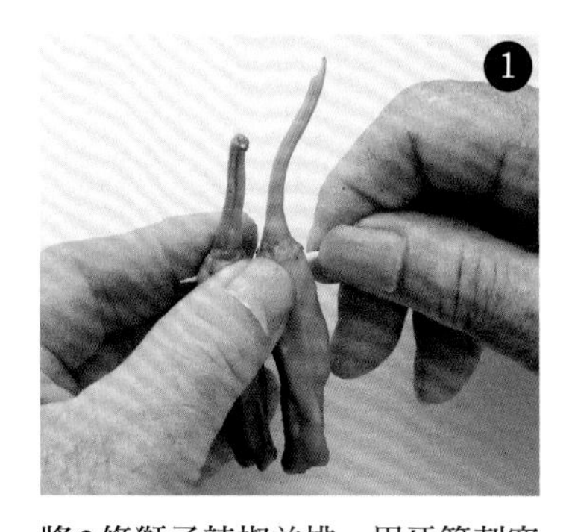

將2條獅子辣椒並排，用牙籤刺穿蒂頭較硬的部位固定為一。

✽ 獅子辣椒的形狀凹凸不定，因此排列時，要盡量找出能讓2條獅子辣椒貼合的角度。

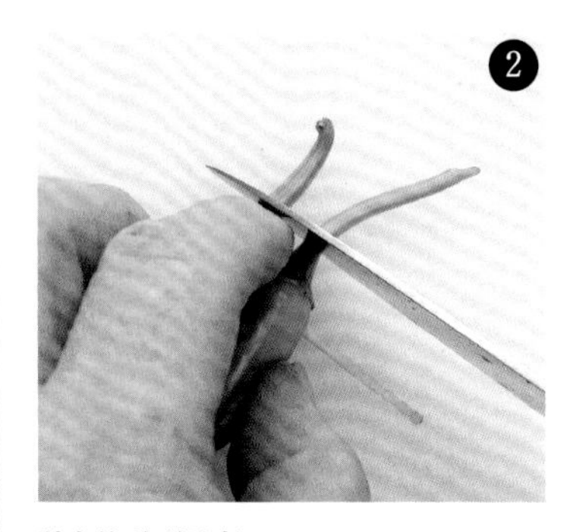

將梗短短切齊。

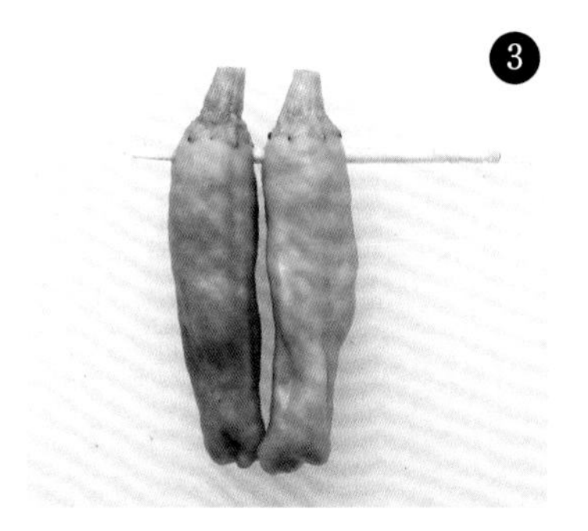

完成前置處理的獅子辣椒。將炸油加熱至180℃。

手握牙籤，只需單面裹粉。

✽ 為了讓獅子辣椒的綠能從麵衣透出，因此另一面不裹粉，僅薄沾麵衣即可。在盛盤時，要將未裹粉、麵衣較薄的那一面朝上。

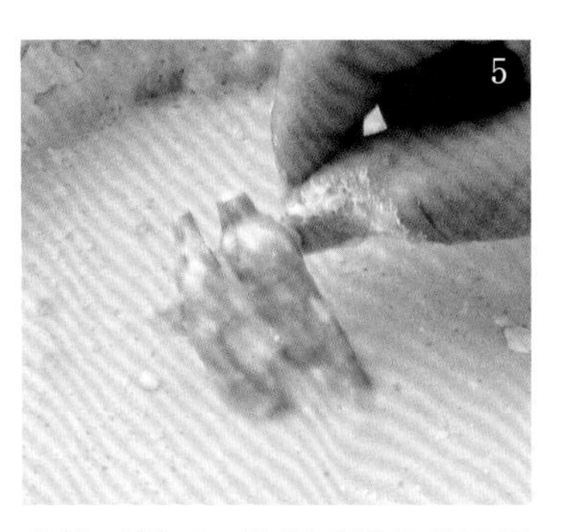

裹粉面朝下，將獅子辣椒整根浸入麵衣。

取出後直接放入加熱至180℃的炸油中，並油炸40秒左右。

✽ 會瞬間產生許多小氣泡，發出尖銳的噴油聲。

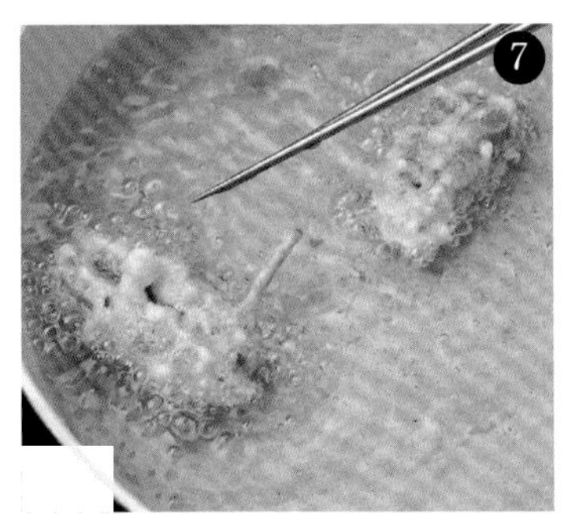

翻面再油炸20秒左右。

再次翻面，繼續油炸片刻。當氣泡減少、噴油聲變低沉時，就表示可以起鍋。取出後置於餐巾紙上瀝油。

✽ 盛盤時，可拔除或保留牙籤。

◎目標成果

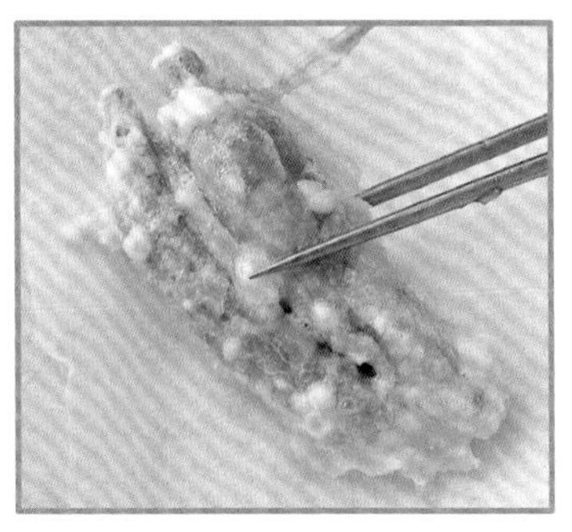

麵衣較薄的那一面能清楚看見獅子辣椒的綠色與輪廓曲線，透過迅速油炸，同時展現獅子辣椒膨起的形狀及淡淡的辣味。

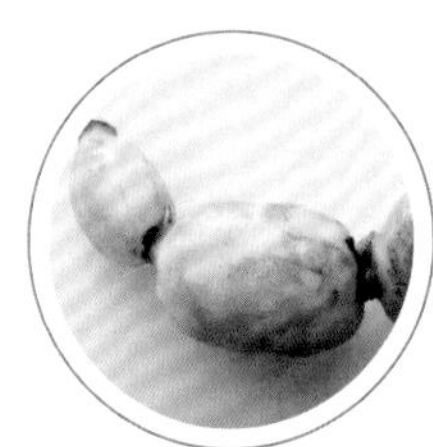

厚切慢炸蓮藕

季節
秋～冬

油溫
下鍋時
175℃
▼
維持在
165～170℃

油炸時間
中

蓮藕最吸引人的地方在於黏稠卻爽脆的口感。若輪切成1㎝左右的厚度，以較低溫度慢火油炸4～5分鐘，將能確實加熱澱粉，展現滿分的美味。

削皮後靜置片刻會讓蓮藕變黑，此時各位應該都會將蓮藕沖水，但如此一來會將轉變為鮮味的澀味洗掉，因此建議處理蓮藕時不要水洗，且立刻油炸。若蓮藕孔塞滿麵衣的話，會使麵衣量過多，導致口感油膩，油炸時間亦會變長，因此務必確實瀝除孔中的麵衣。

材料

蓮藕*
低筋麵粉
麵衣（→P12～15，稍微調稀）
炸油
天婦羅醬汁（→P72），或鹽

＊蓮藕是由3～4個大小不一的蓮藕節組成，第一節最大，但第二節的軟硬適中，大小也較適合用來做成天婦羅。蓮藕盛產於秋冬兩季，不過夏季的早收蓮藕口感多汁，也十分美味。

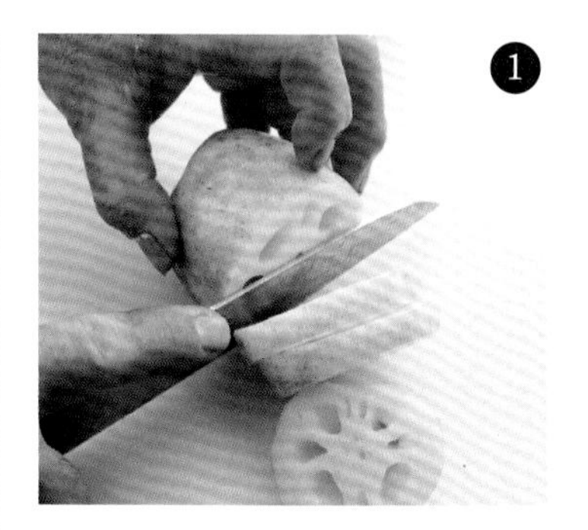

將帶皮的蓮藕輪切成1cm厚。

※ 若能用完整塊蓮藕，則可先削皮再切片，但若切下所需用量之後會剩下的話，則建議切取需要的份量後再削皮。才能將剩餘的蓮藕連皮存放，確保鮮度。

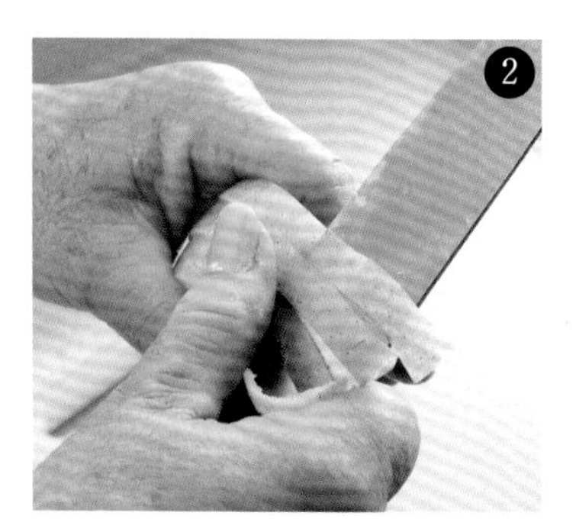

疊起3塊蓮藕，同時削皮。

※ 同時削皮能縮短作業時間，避免蓮藕變黑，若不習慣同時作業，亦可逐一削皮。增加削皮的厚度將更容易品嘗到蓮藕的鮮味。

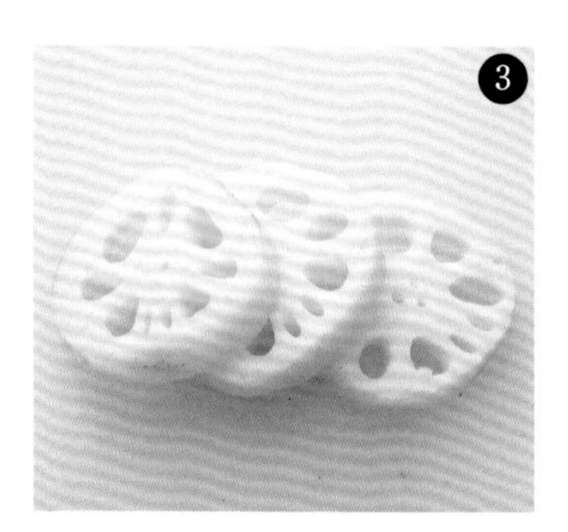

完成前置處理的蓮藕。將炸油加熱至175℃。

※ 蓮藕要下鍋前再削皮，如此一來就無須浸醋水或浸水。

撒裹麵粉，以筷子敲落多餘麵粉。

※ 注意蓮藕孔內的粉量不可過多。

浸入麵衣。

※ 瀝除蓮藕孔中的麵衣，避免麵衣過厚。

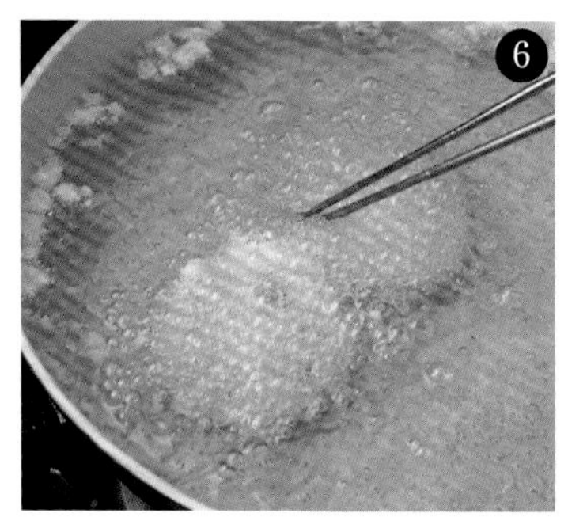

放入加熱至175℃的炸油中，油炸約2分鐘。

※ 炸蓮藕的油溫比一般蔬菜稍低，需慢慢炸出蓮藕鮮味。剛下鍋時雖會因重量沉入鍋底，但加熱變熟後就會浮起。

蓮藕浮起後，將火候稍微轉大。

※ 當炸油從低溫慢慢上升，不僅能讓內部確實變熟、留住水分，還能同時將外表炸得酥脆。

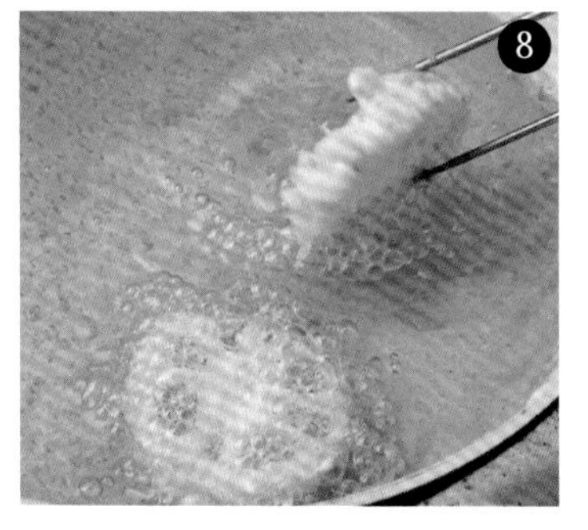

翻面2次，油炸約2分鐘，將雙面均勻炸熟。當氣泡減少、噴油聲變低沉時，就表示可以起鍋。取出後置於餐巾紙上瀝油。

◎目標成果

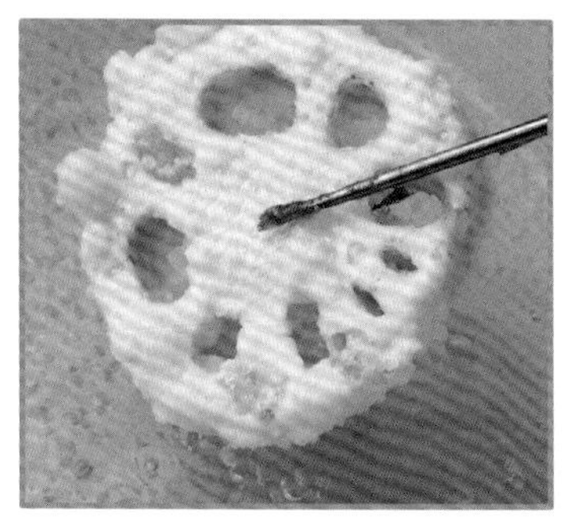

孔洞清晰可見的漂亮蓮藕。麵衣炸到酥脆，蓮藕則保留本身扎實的口感。

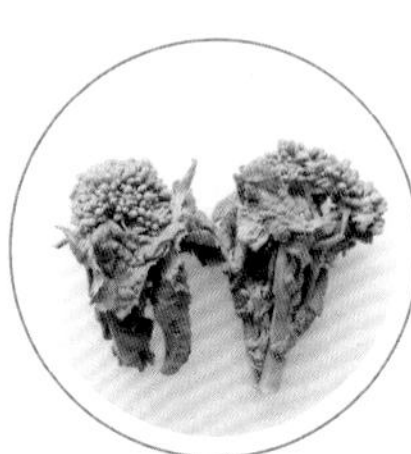

油菜花

縮短油炸時間，保留多汁口感

季節
冬～春

油溫
下鍋時
180℃
▼
維持在
170℃

油炸時間
短

油菜花是冬季至春季時節會出現的食材。為了能充分享受油菜花蕊的香氣與微苦口感，將較長的梗切短，保留2片葉子，並將花蕊四周的其他葉片剝除，清楚呈現食材外型。然而，如照常裹粉再沾上麵衣，會使麵粉跑入較細的花蕊中，導致麵衣沾附過量，因此省略掉裹粉步驟。油菜花蕊很嫩，容易焦掉，油炸時間不可過長。油溫約170℃，30多秒即可。此外，油溫過低也會讓食材吸取過量炸油，導致原本挺立的葉片軟爛下垂。

材料
油菜花
麵衣（→P12～15）
炸油
天婦羅醬汁
（→P72），或鹽

將油菜花梗切短，**保留2片葉子，其餘用手剝除**。

※ 為了呈現出花蕊所沒有的強烈香氣，炸油菜花天婦羅時須保留部分葉子。若葉子過長，則可切掉超出花蕊的部分。切下的梗及葉子可做為涼拌菜使用。

完成前置處理的油菜花。將炸油加熱至180℃。

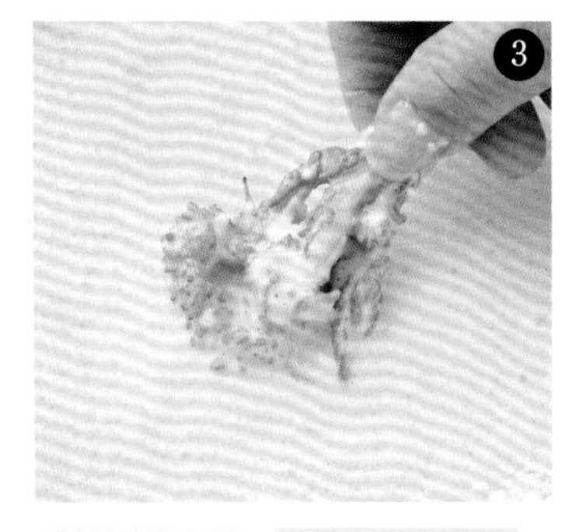

手握梗部末端，**直接浸入麵衣中**。

※ 以快速撈裹的方式將食材浸入麵衣中，避免沾取過量麵衣。直接用手取代筷子能讓動作更迅速。

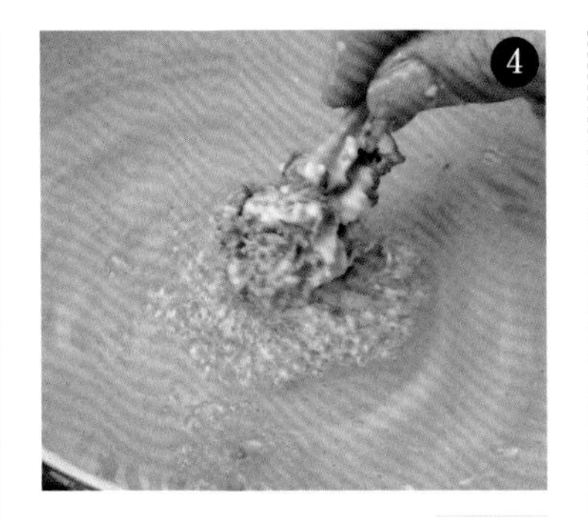

將油菜花蕊朝下，放入**加熱至180℃的炸油中**。

※ 若讓油菜花蕊朝下入鍋，葉片就會打開，展現出油菜花自然的漂亮外型。

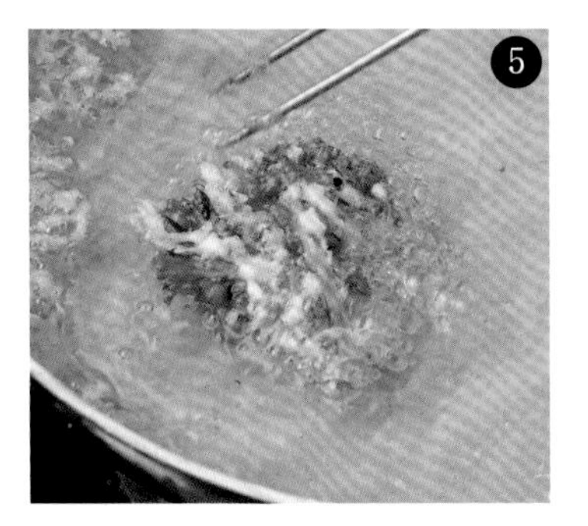

油炸5秒左右翻面，油炸15秒。

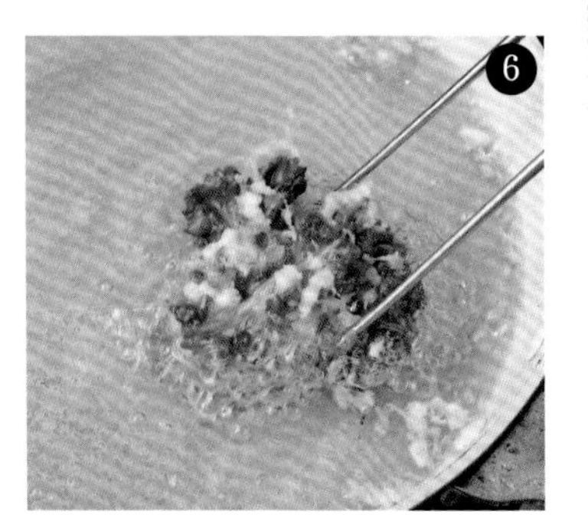

再次翻面，繼續油炸約15秒，當葉子炸到剛好、氣泡漸趨穩定時即可起鍋，取出後置於餐巾紙上瀝油。

◎目標成果

炸好的油菜花形狀漂亮展開，充滿鮮度。注意不可炸太久，導致葉子與花蕊失去水分，讓口感過於酥脆。

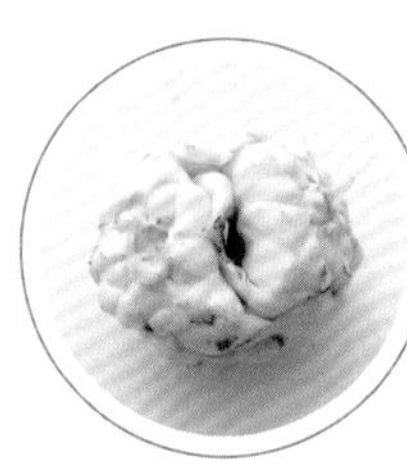

百合根
美味鬆軟的冬季之味

季節
冬

油溫
下鍋時 180℃ ▼ 維持在 170℃

油炸時間
短

百合的產季很短，正因如此，每當產季到來時都讓人格外欣喜。百合根的精髓在於鬆軟口感，因此要選用帶厚度的大顆百合根，像剝除花瓣一般悉數剝下，接著炸到蓬鬆，就成了能品嘗到高雅甜味的頂級天婦羅。

百合根的主要成分為澱粉，若使用體積較小的百合根，油炸約1分半鐘就能充分發揮食材的鮮甜，讓美味加分。食材本身很薄，能全部浸在炸油中，油炸時便不須翻面。

材料

百合

低筋麵粉

麵衣（→P12～15）

炸油

天婦羅醬汁

（→P72），或鹽

從外圍開始一片片剝下百合根的鱗片。

※ 剝片時力道不可過大，避免折斷或破損。剔除過髒的鱗片，使用外圍較大片的百合根。尺寸較小或有折損的百合根則可做為蒸物或碗物使用。

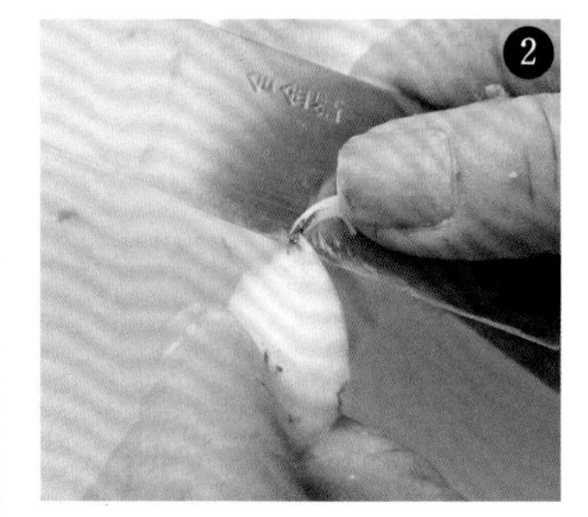

水洗後，仔細擦乾水分。以菜刀刮除咖啡色的邊緣及細根。

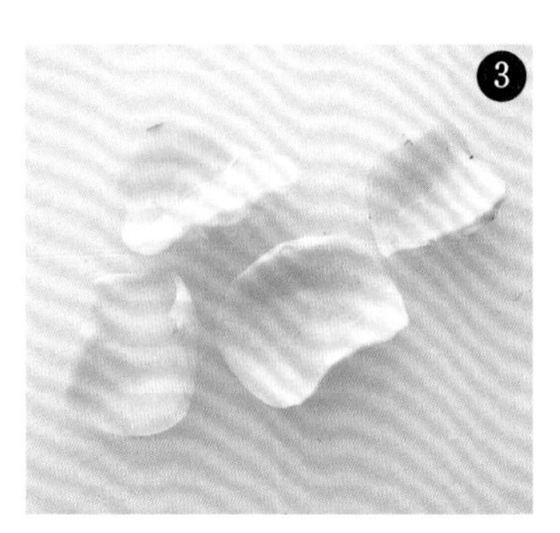

完成前置處理的百合根。將炸油加熱至180℃。

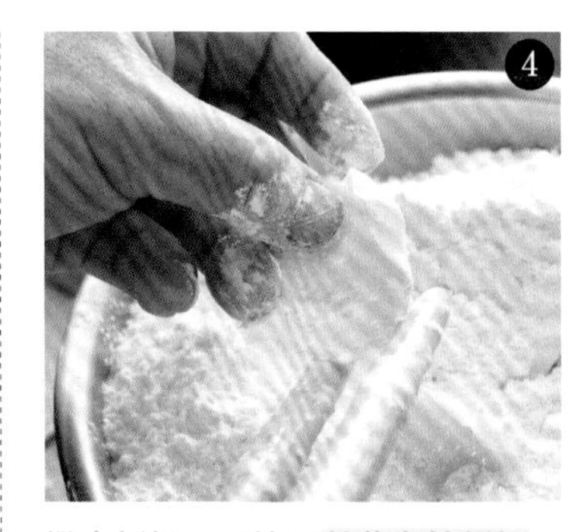

撒裹麵粉，以筷子敲落多餘麵粉。

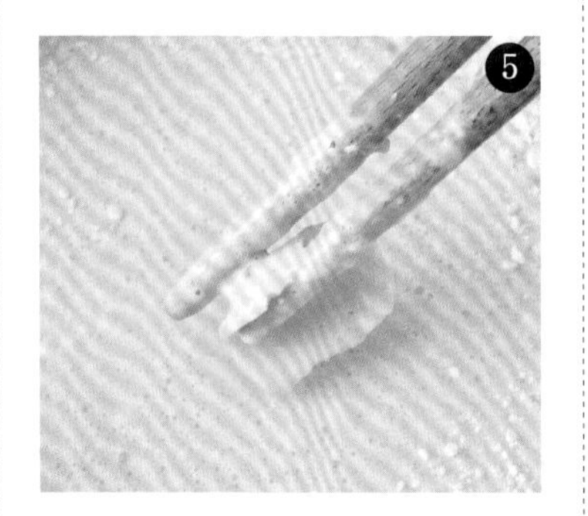

浸入麵衣。

※ 將凹槽裡的麵衣倒出，避免過量。

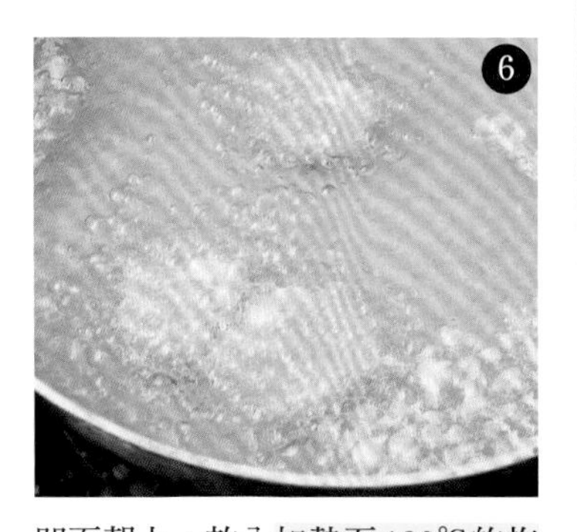

凹面朝上，放入加熱至180℃的炸油中。

※ 百合根在沉入炸油的過程中會逐漸變熟，因此油炸中不可觸碰、無須翻面。

油炸約1分半鐘，百合根浮起後即可起鍋。

※ 為了展現百合根本身的白色，麵衣只須炸到帶點淡咖啡色即可。

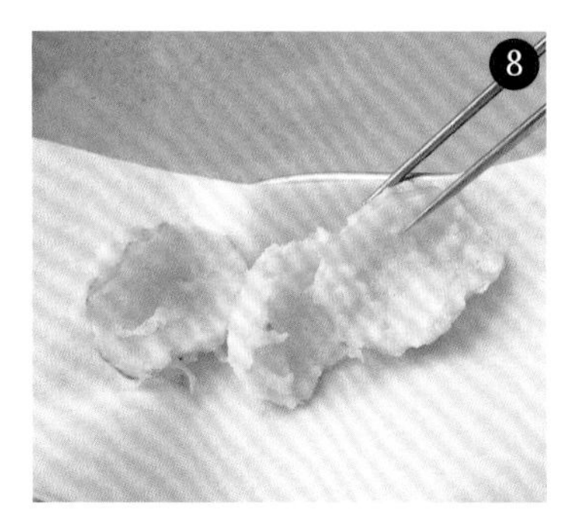

取出後置於餐巾紙上瀝油。

◎目標成果

慢火油炸，讓百合根變得像馬鈴薯般鬆軟。為了突顯百合根本身的色澤，注意不可炸到顏色變得太深。

刺嫩芽

享受春芽初冒之味

季節
春

油溫
下鍋時 180℃ ▼ 維持在 170℃

油炸時間
短

春季剛發芽的山菜口感微苦卻美味。其中，刺嫩芽更是天婦羅料理中，相當受歡迎的食材。

雖然芽長且前端開散、體積較大的刺嫩芽嘗起來更有嚼勁，但我更推薦前端緊實包覆，口感軟、風味佳的嬌小嫩芽。包覆著嫩芽的薄萼相當硬，有損口感，因此必須摘除萼部，僅取嫩芽部分下鍋油炸。此外，嫩芽前端包覆著一層層風味極佳的嫩葉，在沾裹麵衣時，須特別留意麵衣不可過量。

材料

刺嫩芽
低筋麵粉
麵衣（→P12～15）
炸油
天婦羅醬汁（→P72），或鹽

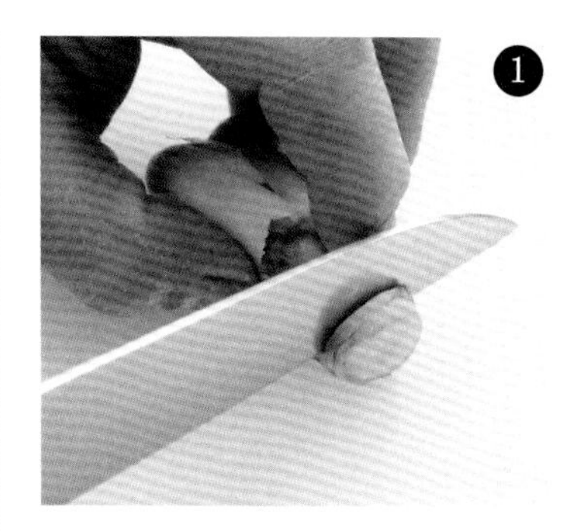

切除根部末段較硬的部分。

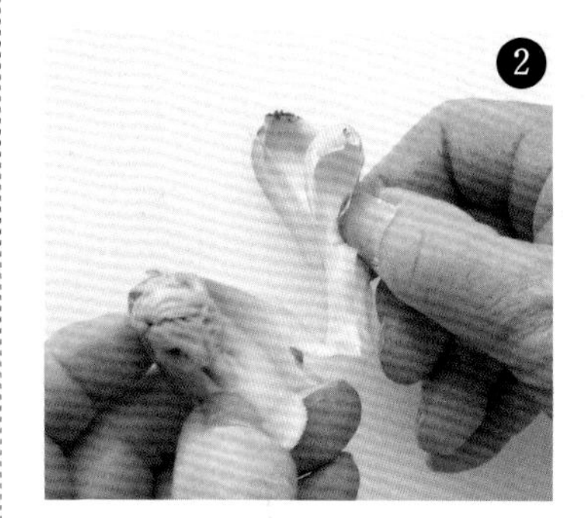

摘掉包覆嫩芽的萼部，以濕布擦拭掉嫩芽上的髒污。

完成前置處理的刺嫩芽。將炸油加熱至180℃。

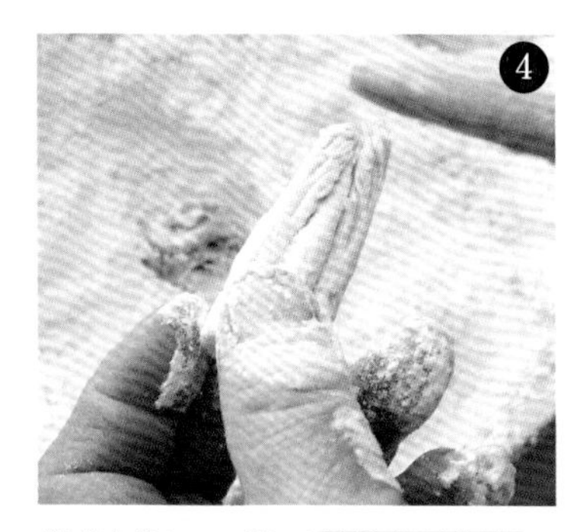

撒裹麵粉，以筷子敲落多餘麵粉。

✽ 嫩芽中的凹槽若沾附過多麵衣，會使味道變得太重，因此務必確實敲落前端的麵粉。

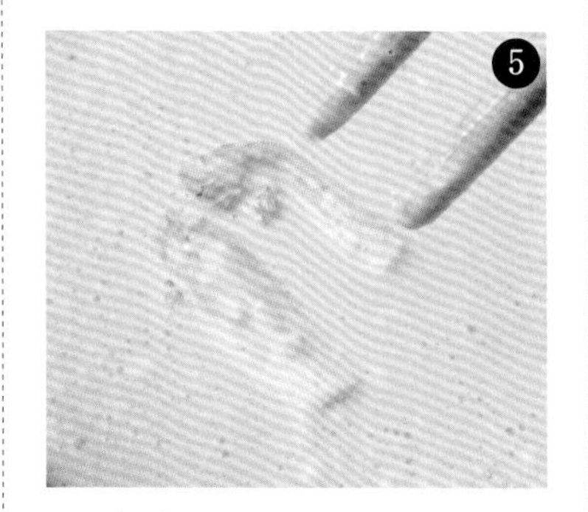

浸入麵衣。

放入加熱至180℃的炸油中。盡量不要碰觸食材，油炸約20秒。

✽ 會瞬間產生許多小氣泡，發出尖銳的噴油聲。

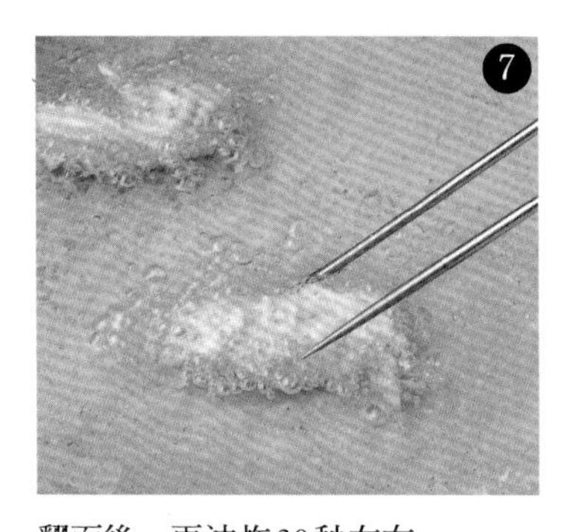

翻面後，再油炸30秒左右。

✽ 氣泡會逐漸減少，炸油也不再噴飛。刺嫩芽的根部較重會沉入鍋中，但無須在意，繼續油炸即可。

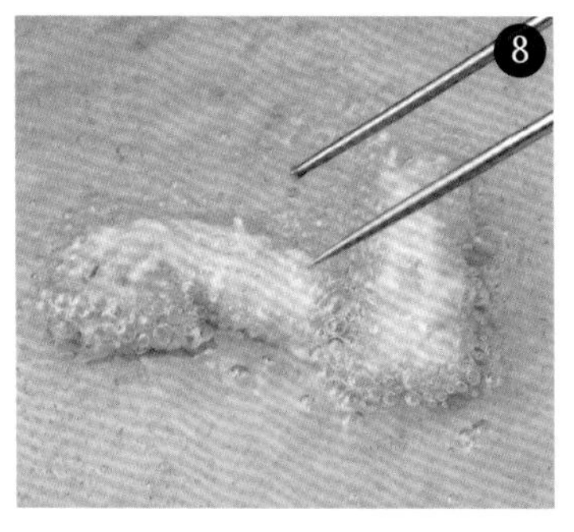

接著再油炸1分鐘，過程中翻面3次左右，充分加熱內部。

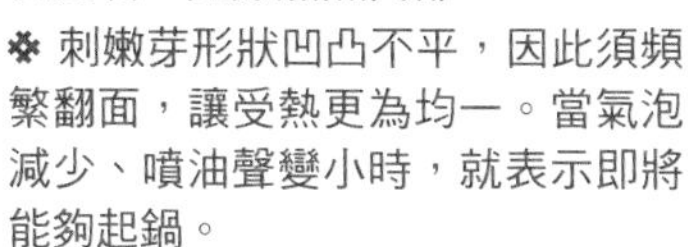

✽ 刺嫩芽形狀凹凸不平，因此須頻繁翻面，讓受熱更為均一。當氣泡減少、噴油聲變小時，就表示即將能夠起鍋。

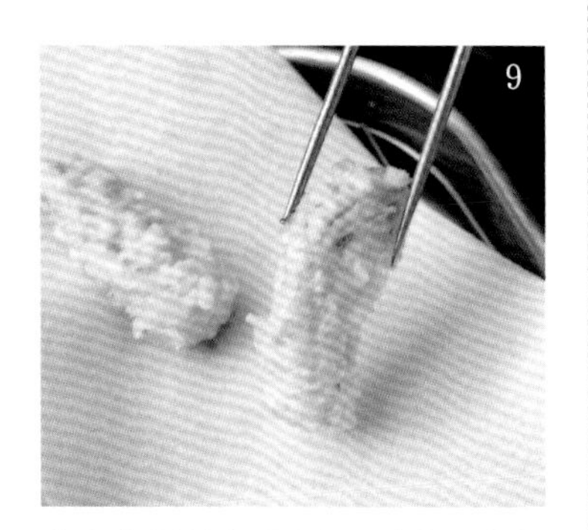

取出後置於餐巾紙上瀝油。薄麵衣能透出嫩芽的淡綠色才算是成功的刺嫩芽天婦羅，迅速油炸，保留食材既有的軟嫩口感。

蜂斗菜

讓人抵擋不住的微苦春味

季節
初春

油溫
下鍋時 180℃ ▼ 維持在 170℃

油炸時間
短

在山菜天婦羅中，蜂斗菜偏重的澀味及微苦的口感有著讓人無法抵擋的特殊魅力。一旦花萼打開，就會讓蜂斗菜的澀味變得強烈，因此要選用花萼緊閉的蜂斗菜，才能品嘗到箇中滋味。然而，若將花萼緊閉的蜂斗菜直接下鍋油炸，反而會讓澀味滯留其中，使蜂斗菜顏色變黑、苦味加重。因此切勿遺漏將花蕾剝開的前置處理，不僅能讓苦味減半，看起來也更加漂亮。對多雪的區域而言，蜂斗菜從雪中探出頭時，就代表初春乍到。因此讓蜂斗菜沾取些許麵衣，像覆上一層薄薄的殘雪，在1分鐘內快速油炸即可。

材料

蜂斗菜

麵衣（→P12～15，稍微調稀）

炸油

天婦羅醬汁（→P72），或鹽

以濕布擦拭花萼緊閉的蜂斗菜，去除髒污。手握花梗，另一手小心地將花萼一片片扳開。

※ 若花萼太硬，下鍋油炸也不會變得美味，因此須直接剝除。

將所有花萼扳開後，用力按壓定型，避免花萼彈回。

完成前置處理的蜂斗菜。將炸油加熱至180℃。

手持扳開的花萼，**將花蕾朝下，直接浸入麵衣**。

※ 為避免蜂斗菜沾附過量麵衣，在此省略裹粉步驟。考量到用筷子不易夾取，且無法均勻沾附麵衣，因此直接手持扳開花萼的蜂斗菜迅速浸入麵衣。

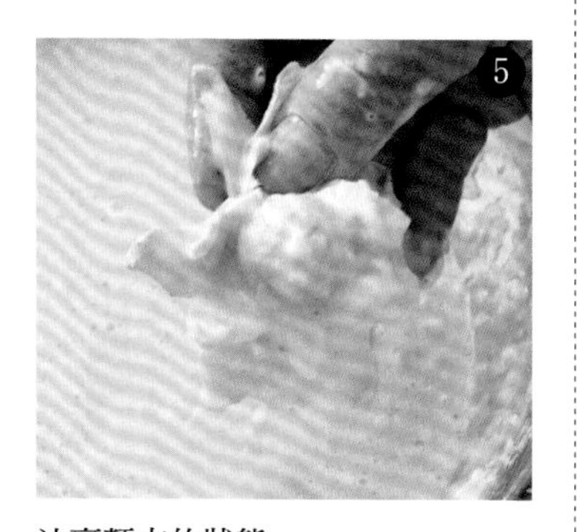

沾裹麵衣的狀態。

※ 務必去除多餘的麵衣，避免花蕾凹槽較多的部位沾附過量。

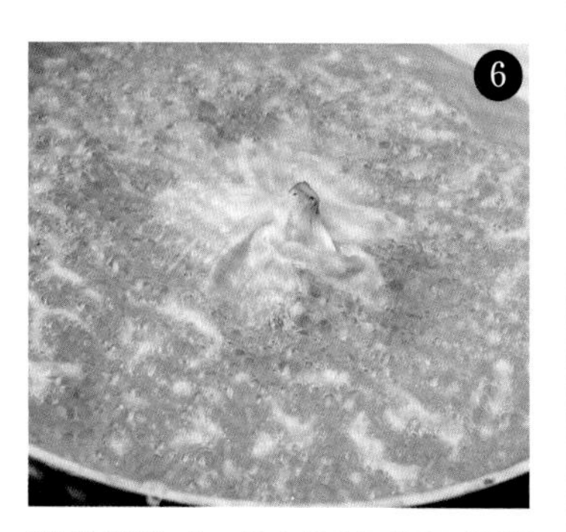

將花蕾朝下，放入**加熱至180℃的炸油中**，油炸約20秒。

※ 花蕾朝下油炸能讓花萼維持漂亮綻開。麵衣較稀，會瞬間冒出許多細小氣泡，並散出相當多的炸屑，此時須將炸屑撈起。

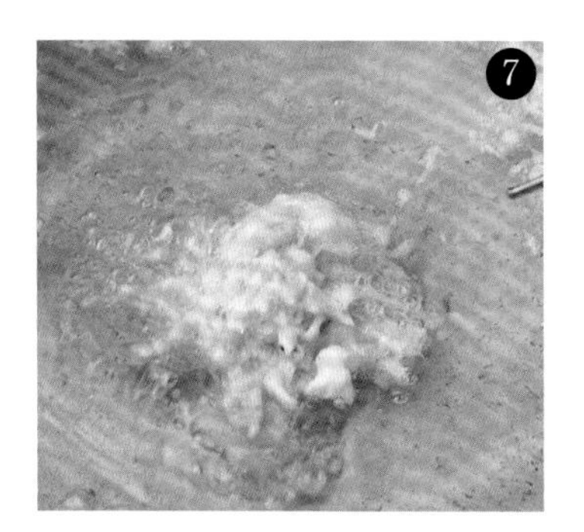

翻面後再油炸30秒左右。

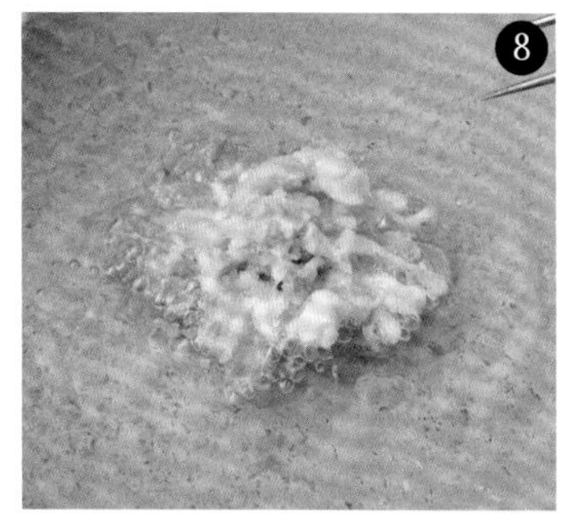

當氣泡減少、噴油聲變小即可起鍋。取出後置於餐巾紙上瀝油。

◎目標成果

成品的薄麵衣口感酥脆，炸好起鍋時的顏色不可過深，讓天婦羅就像是覆蓋著一層薄雪。

紫蘇葉

充分享受酥脆的口感

季節
夏

油溫
下鍋時 180℃
▼
維持在 170℃

油炸時間
短

好吃的紫蘇天婦羅要將葉子炸到酥脆，油炸的重點在於只需單面沾裹麵衣，避免讓薄薄的葉子承受過重的麵衣，更能讓紫蘇葉表面的鮮豔綠色漂亮呈現。然而，若想要炸到酥脆，就必須讓紫蘇葉雙面都接觸到炸油，因此未裹麵衣的葉面也必須朝下迅速油炸。讓紫蘇葉輕輕地漂浮在油面上，雙面油炸時間合計約為1分鐘。以手握葉梗的方式沾裹麵衣會讓作業更加輕鬆，因此請保留紫蘇葉梗。

材料

紫蘇葉
低筋麵粉
麵衣（→P12～15）
炸油
天婦羅醬汁（→P72），或鹽

以濕布擦拭紫蘇葉上的髒污及柔毛。沿著纖維方向擦拭葉片正面，葉片反面則是隔著濕布以食指按壓。將炸油加熱至180℃。

手握葉梗，以葉片輕拂的方式將反面沾裹麵粉。

接著同樣以輕拂的方式，將葉片反面裹上麵衣。

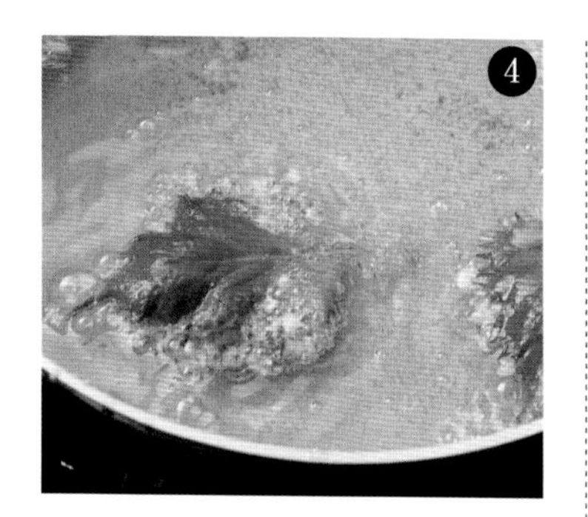

沾有麵衣的葉面朝下，輕輕放入加熱至180℃的炸油中。靜置油炸30秒左右，讓麵衣定型。

✽ 麵衣定型後葉片間會跑入空氣，使葉子膨脹。這也是判斷油炸程度的指標。

以筷子掀撈翻面，油炸葉面未沾裹麵衣側，約15秒。

✽ 若用筷子夾取容易使葉片破損，因此要以盡量不碰觸的方式，將紫蘇葉掀撈翻面。

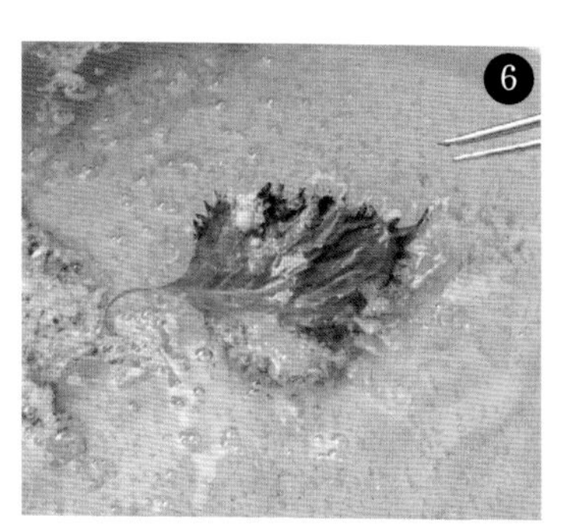

再次翻面，將沾有麵衣的一側再油炸15秒左右。

當氣泡減少，噴油聲變小即可起鍋。取出後置於餐巾紙上瀝油。

✽ 盛盤時，沾附麵衣的葉面朝下，才能展現出紫蘇葉的鮮豔綠色。

◎目標成果

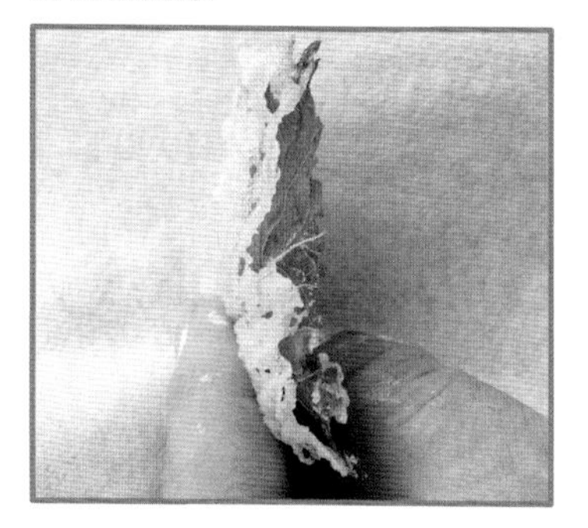

葉片與麵衣間形成間隙。正因形成間隙，紫蘇葉才能炸得酥脆。

鴨兒芹

美麗的綠白對比

季節
夏

油溫
下鍋時
180℃
▼
維持在
170℃

油炸時間
短

若要以打結的形式下鍋油炸，建議選用芹梗軟嫩，香氣濃郁的「去根鴨兒芹」。芹梗較粗、纖維較硬的土耕鴨兒芹，以及比去根鴨兒芹還要細的水耕鴨兒芹都不適合打結後油炸，這兩種鴨兒芹建議切成2cm長後，炸成什錦天婦羅。為了讓鴨兒芹天婦羅能漂亮又美味，只有芹梗處須沾裹麵衣。葉片部分直接油炸不僅能突顯香氣，還能營造出綠白對比。取3～4根鴨兒芹並將芹梗打上單結，除了讓下鍋油炸時更輕鬆，還能炸出漂亮的形狀。

材料

鴨兒芹（選用遮光栽培的去根鴨兒芹）
低筋麵粉
麵衣（→P12～15）
炸油
天婦羅醬汁（→P72），或鹽

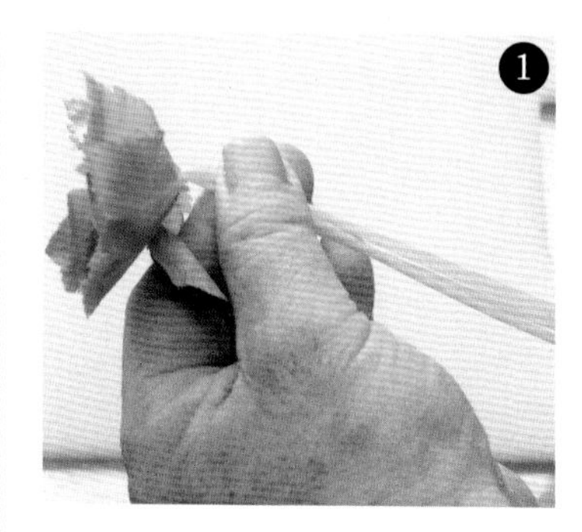

取3～4根鴨兒芹，束在一起後，以左手手指按捏住葉子下方。接著以右手手指從左手按捏處一路向下按壓至芹梗末端。

✽ 用力按壓直到聽見捏出水分的聲音，即代表芹梗變軟，打結時才不會斷。

接著將芹梗環繞左手拇指（朝葉梗銜接處的外側捲繞），做出一個圓，接著將左手食指腹碰觸到的芹梗壓入此圓當中。

以右手將芹梗從圓的另一側拉出，左手則將打結處拉至葉子下方，做出一個結的形狀，並將芹梗末端切齊。

✽ 打結處要位在正中間。

完成前置處理的鴨兒芹。將炸油加熱至180℃。

只有芹梗部分裹上麵粉。

✽ 直接用手裹粉會比用筷子更方便。

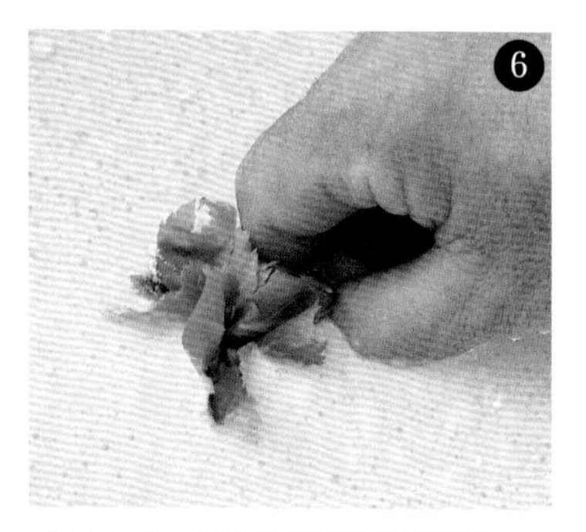

裹麵衣時同樣只沾附芹梗部分。

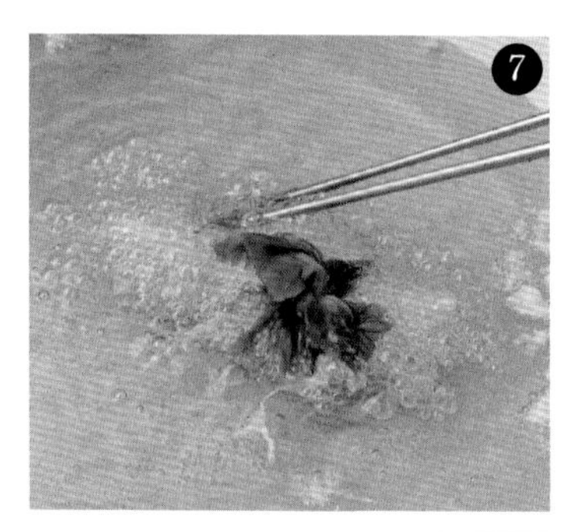

將芹梗朝下，輕輕放入加熱至180℃的炸油中。靜置油炸30秒左右，讓麵衣定型。

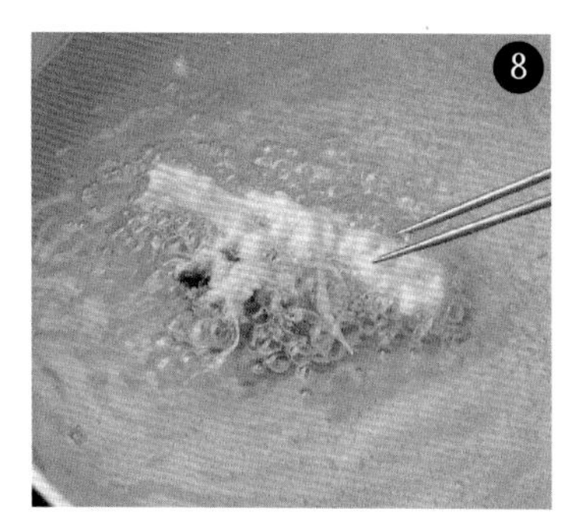

以筷子撇撈翻面後，再油炸15秒左右。

✽ 若用筷子夾取容易使葉片破損，因此要以盡量不碰觸的方式，從下撇撈食材。

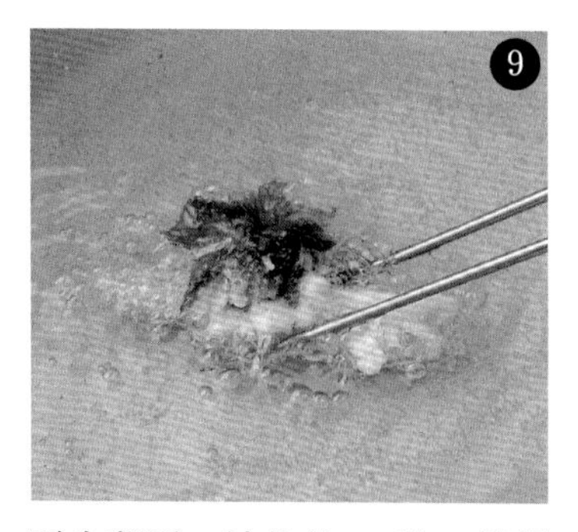

再次翻面，油炸約30秒。當麵衣產生的氣泡減少、噴油聲變小時，即可起鍋。取出後置於餐巾紙上瀝油。若未裹粉及麵衣的芹葉微帶酥脆感，那就是成功的鴨兒芹天婦羅。

蘘荷

享受清爽香氣

季節

初夏

油溫

下鍋時
180℃
▼
維持在
170℃

油炸時間

短

以天婦羅呈現蘘荷時，當然要好好發揮蘘荷的鮮豔色澤、清新香氣，以及爽脆口感。若蘘荷內部殘留水分過多，口感會變得黏爛，因此油炸時必須翻面數次充分去除水分，將蘘荷炸到輕盈酥脆。

蘘荷就像洋蔥一樣，疊著一層層的鱗片。若麵衣滲入其中會讓口感變得油膩，因此無論是裹麵衣或下鍋油炸時，都必須切面朝下，避免炸油滲入夾層。

材料

蘘荷

低筋麵粉

麵衣（→P12～15）

炸油

天婦羅醬汁（→P72），或鹽

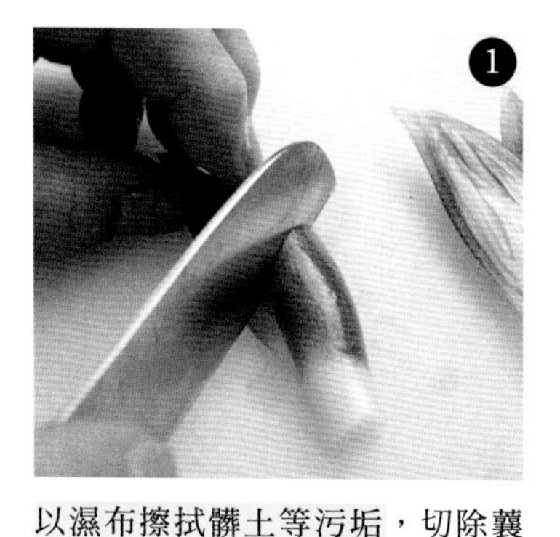

以濕布擦拭髒土等污垢，切除蘘荷梗末端。接著對半縱切，於表面斜劃一道深度約一半的刀痕。

✽ 如此一來便可切斷纖維，更容易咀嚼，同時更快加熱至內部，炸出酥脆口感。

完成前置處理的蘘荷。將炸油加熱至180℃。

撒裹麵粉。切面朝下，以筷子敲落多餘麵粉。

✽ 敲落粉時須切面朝下，避免麵粉滑入夾層中。

浸入麵衣。

✽ 同樣以切面朝下的方式沾裹，避免夾層滲入過量麵衣。

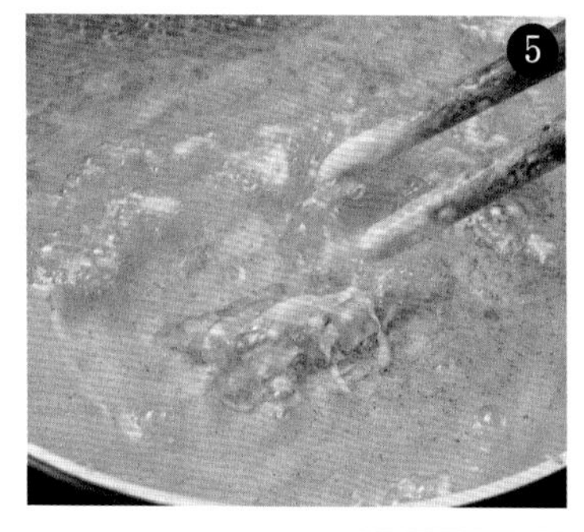

維持切面朝下，放入加熱至180℃的炸油中。油炸約1分鐘。

✽ 我的店裡炸蘘荷的做法是從遠處將蘘荷丟入油鍋，藉此去除多餘麵衣。但這種做法容易噴油，因此在家料理時，請確實甩掉麵衣後，再下鍋油炸。

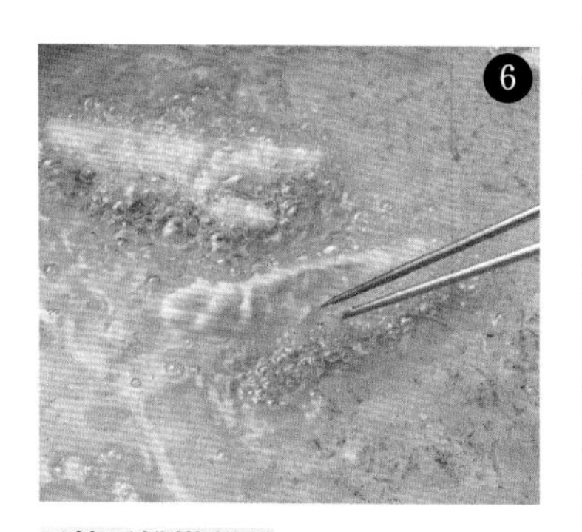

以筷子掀撈翻面。

✽ 用筷子直接夾取容易讓花苞散開，因此建議用掀撈方式翻面。

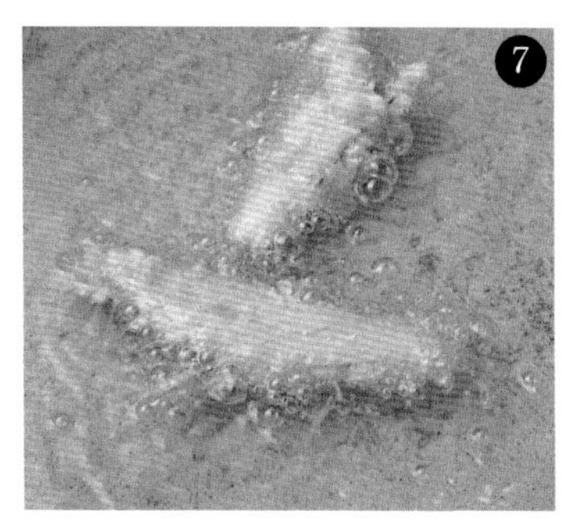

接著再油炸1分鐘，過程中翻面3次左右，讓雙面均勻受熱。

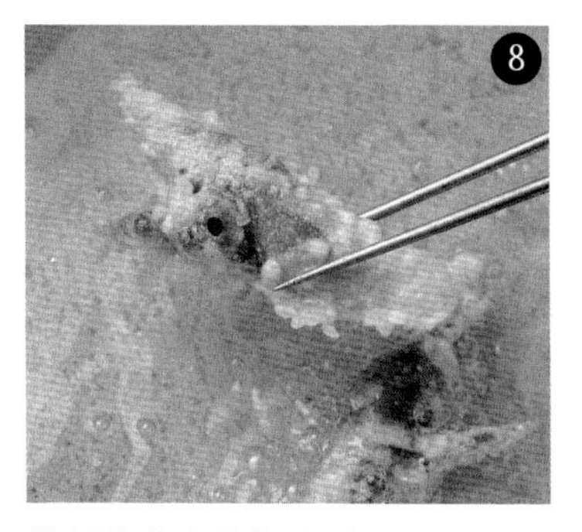

當麵衣產生的氣泡減少，噴油聲變小時，即可起鍋。取出後置於餐巾紙上瀝油。

◎目標成果

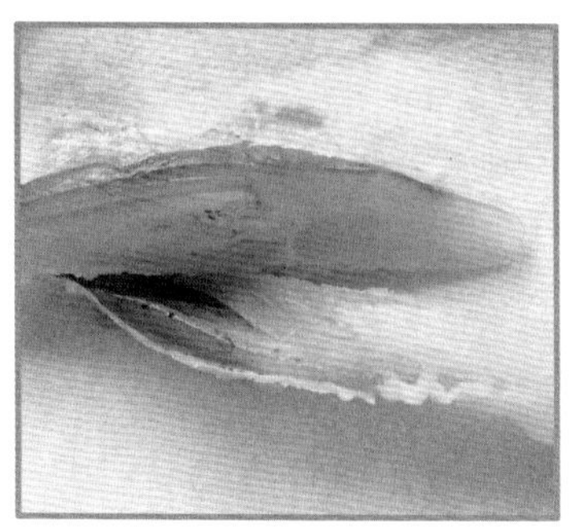

蘘荷表面的紅色會薄薄地透出麵衣。不僅裡面充分加熱，還保留住爽脆的口感及香氣。

葉薑

夏季限定的新味

季節
夏

油溫
下鍋時
180℃
▼
維持在
170℃

油炸時間
短

生薑雖然口味嗆辣，但炸成天婦羅後能緩和辣味、展現香氣，品嘗起來非常美味。雖然嫩薑也相當適合用來做成天婦羅，但在此使用的是只有夏天才有機會品嘗的葉薑。挑選葉薑時，建議選擇可整條入口的大小，保留長長的薑梗，還能直接抓著放入鍋中油炸，翻面也會更輕鬆。

食用的根部形狀彎曲不平，因此須先沾裹一次麵衣，讓表面較為平整後，再裹粉、沾附第二次麵衣。就讓我們迅速油炸，讓成品保留葉薑本身的水嫩感吧。

材料

葉薑（谷中生薑）
低筋麵粉
麵衣（→P12～15）
炸油
天婦羅醬汁（→P72），或鹽

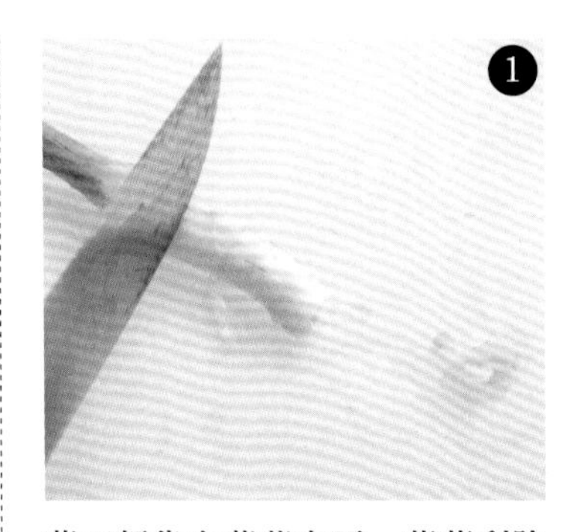

菜刀輕靠在葉薑表面，薄薄刮除一層皮。根部末端切掉5㎜左右。

✽ 若薑皮太硬，則可直接用刀刃削掉。若要處理多根葉薑時，可先對齊紅色的位置，一次切掉末端，讓長度一致，油炸時也更易作業。

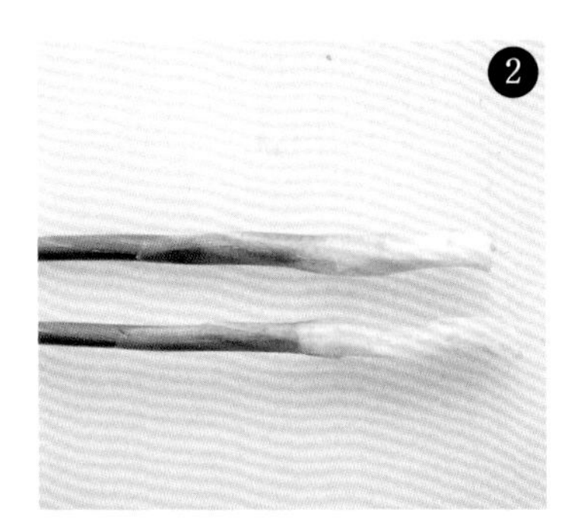

完成前置處理的葉薑。將炸油加熱至180℃。

手握薑梗，先浸入麵衣。

✽ 葉薑表面不平整，麵衣無法均勻沾附，因此要先沾裹一次麵衣，讓表面平整後再裹粉。

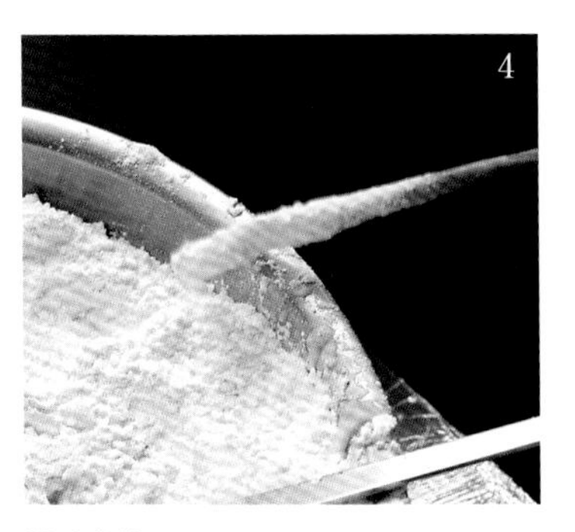

撒裹麵粉。

再次浸入麵衣。

✽ 沾裹兩次麵衣後，就能讓麵衣圓潤地包裹住葉薑。

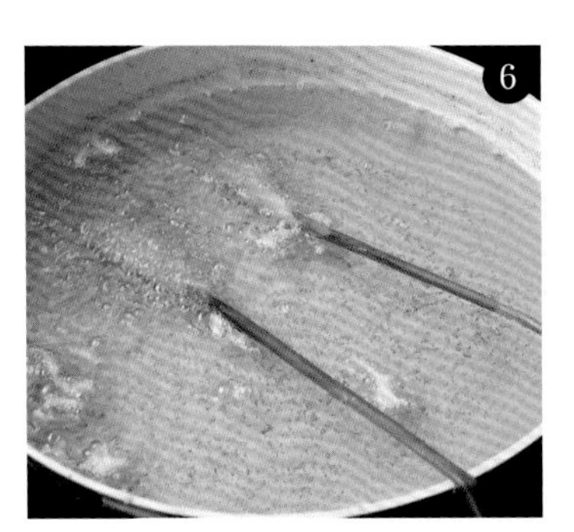

放入加熱至180℃的炸油中，盡量不要碰觸葉薑，油炸約30秒。

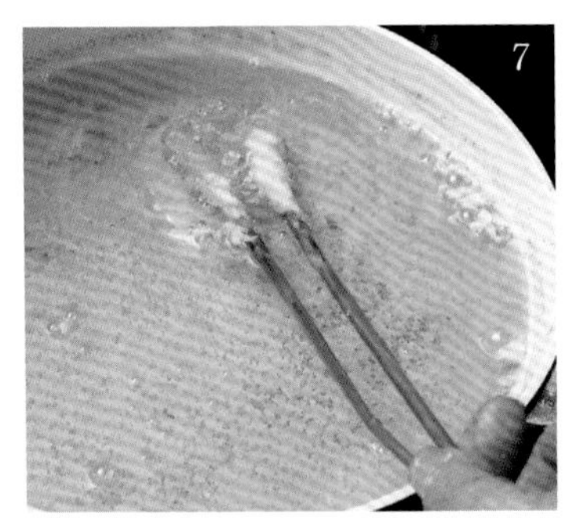

握住薑梗翻面，油炸30秒左右後，再次翻面。

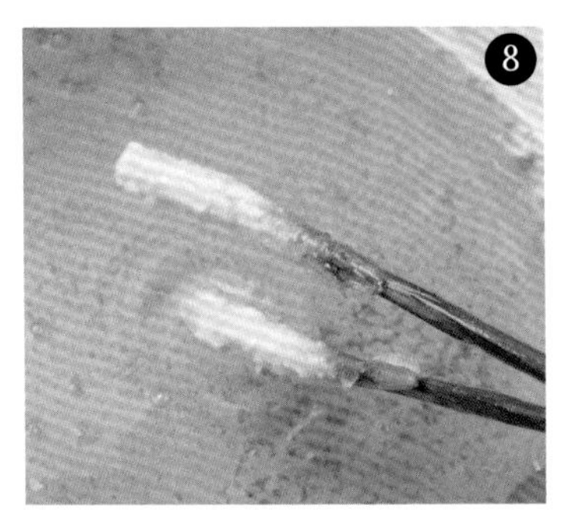

當麵衣產生的氣泡減少、噴油聲變小時，便可起鍋。取出後置於餐巾紙上瀝油。

✽ 切短薑梗，即可盛盤。

◎目標成果

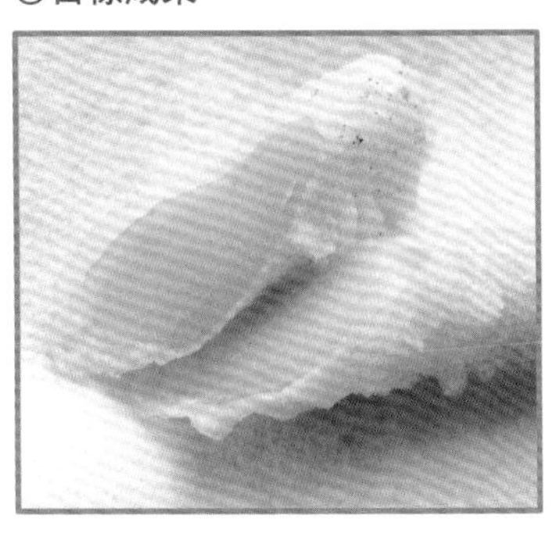

油炸後的麵衣顏色不會太深，最理想的厚度是薑梗根部還會透出淡淡的紅色。斜切後盛盤上桌，飄出的香氣更能增加食慾。若切口滲出水滴就表示炸得非常成功。

香菇

多汁的鮮味在口中擴散

季節
秋

油溫
下鍋時 180℃ ▼ 維持在 170℃

油炸時間
長

本店使用的是原木栽培的香菇。不僅菌味較淡、肉厚十足，更不用擔心吸油過量導致香菇萎縮塌陷，因此非常適合用來做成天婦羅。若使用一般較常見的菌床栽培香菇，則須選擇菌傘帶厚度且未過度生長的香菇。

香菇天婦羅的訣竅在於將整朵香菇下鍋油炸。切開後油炸容易使香氣散去，同時有損帶鮮味的多汁口感，因此也切勿在香菇上劃切十字刀痕。菌褶內含有香氣成分，含水量也很豐富，因此須拉長菌褶朝下的油炸時間，讓香味散出，並去除多餘水分。

材料

香菇

低筋麵粉

麵衣（→P12～15）

炸油

天婦羅醬汁

（→P72），或鹽

■廚房紙巾

握住香菇，將水果刀尖靠在菌柄根部，轉動香菇，切除菌柄。

※ 此方法不僅能避免傷到菌褶，還能完整切除整支菌柄。

讓菌褶朝下，放置於廚房紙巾上，以菜刀刀面拍打菌傘上方，拍落菌褶中的髒污。

完成前置處理的香菇。將炸油加熱至180℃。

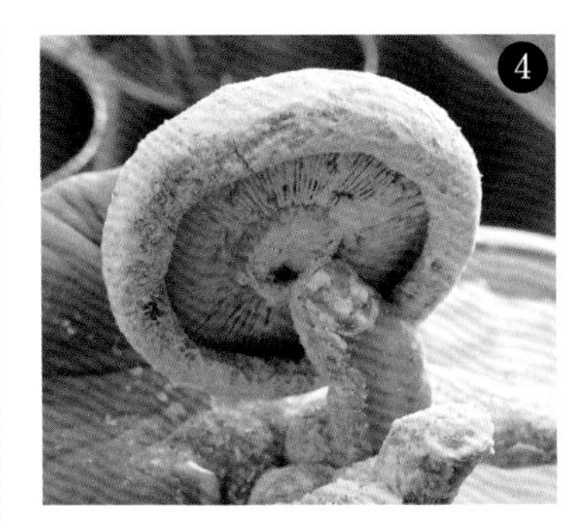

將菌傘兩面裹粉，並拍打菌傘上方，拍掉菌褶中多餘的麵粉。

※ 像圖片般於表面裹層薄粉即可，避免麵粉滲入菌褶中。

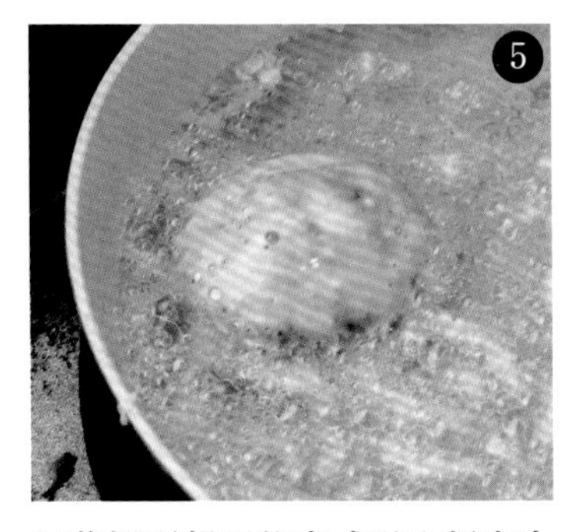

以菌褶面朝下的方式浸入麵衣中並撈起，接著放入加熱至180℃的炸油中，盡量不要碰觸香菇，油炸約1分鐘。

※ 會瞬間產生許多小氣泡，發出尖銳的噴油聲。

以筷子將香菇掀撈翻面，再油炸30秒左右，讓菌傘的麵衣定型。

※ 翻面時不可用筷子夾取，要從下掀撈翻面，麵衣才不會剝落。

拉長菌褶朝下的油炸時間，翻面數次，油炸約4～5分鐘。

※ 菌褶面朝下時，炸油不至於滲入菌褶內部，但若菌褶朝上，炸油會累積在凹槽處，加快香菇裡頭變熟的速度，因此頻繁翻面才能讓炸油更均勻地沾附。

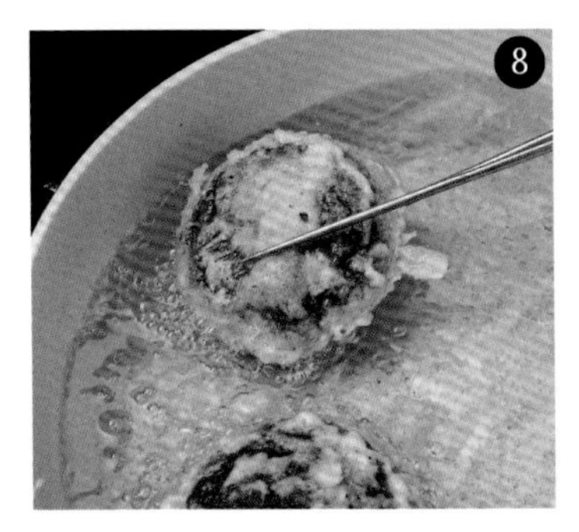

當麵衣產生的氣泡減少、噴油聲變小時，即可起鍋。取出後置於餐巾紙上瀝油。

◎目標成果

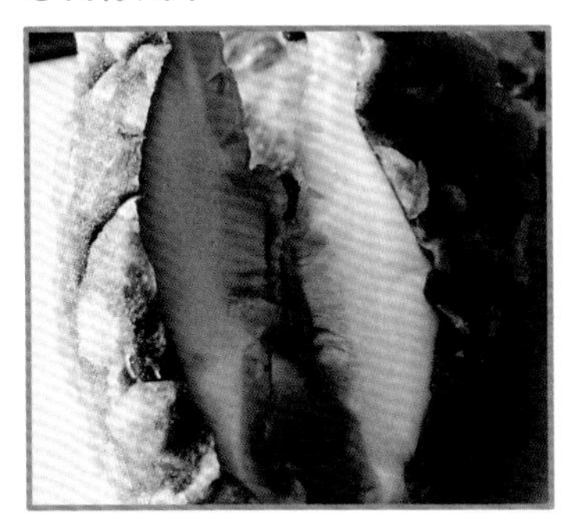

切開後剖面鮮嫩多汁，鎖在裡頭的香氣能瞬間散出。

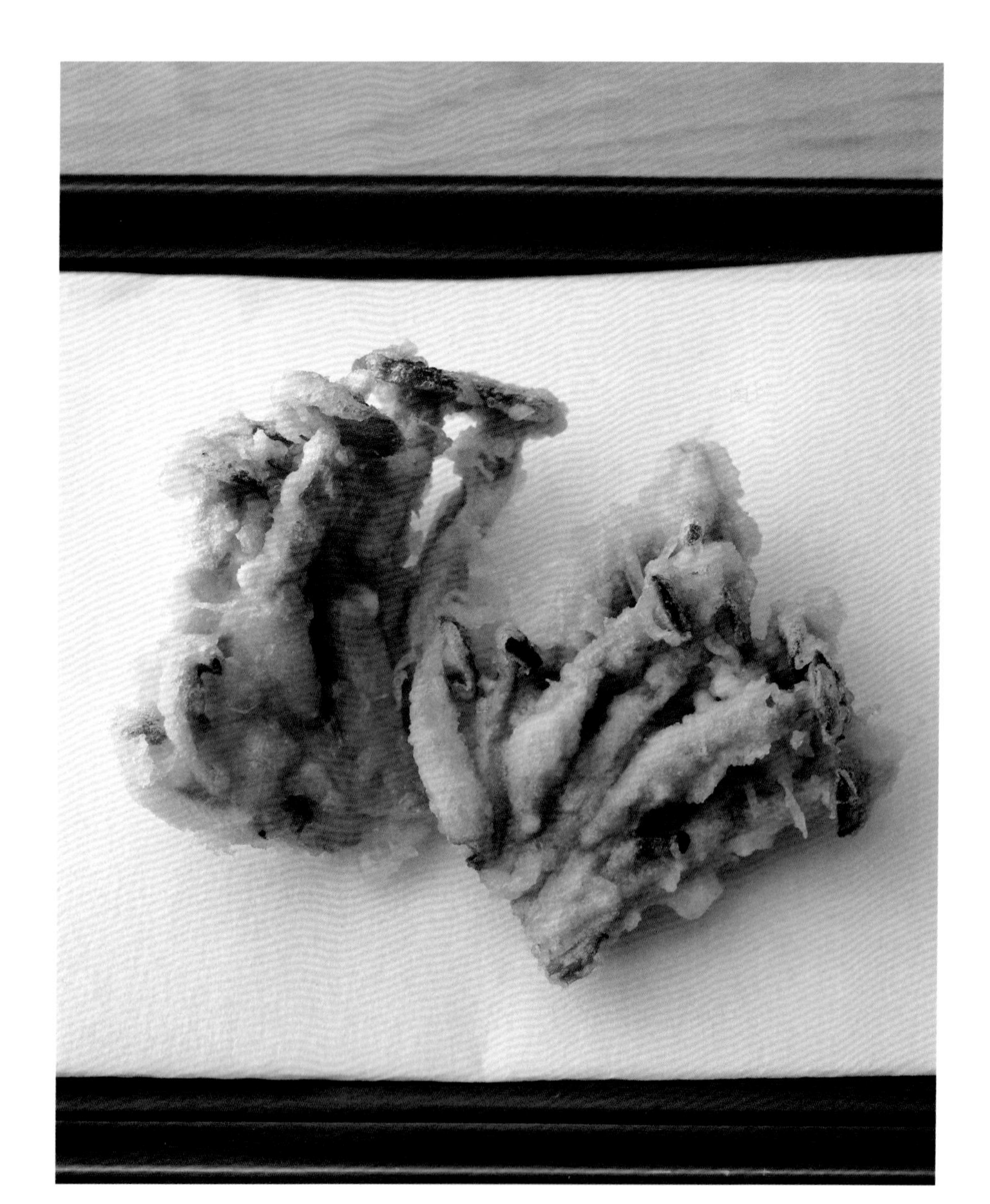

鴻喜菇

形狀可愛、鮮味豐富的菇類

季節
秋

油溫
下鍋時 180℃ ▼ 維持在 170℃

油炸時間
短

將千本鴻喜菇及名為「ぶなしめじ」的鴻喜菇（即為台灣市面上常見的鴻喜菇）分成8根左右的塊狀大小適中，較好下鍋油炸，也能保留美味。圓柱狀的菇塊中心不易加熱，因此處理鴻喜菇的重點在於切成扁平狀。若以菜刀直接切開容易導致鴻喜菇整個分離，建議在根部劃出刀痕後直接剝開。

鴻喜菇由許多細菇集結而成，這也使其表面積較大、水分容易流失，油炸後往往會使口感變硬。因此建議各位頻繁翻面，保留住適量水分。

材料

鴻喜菇*
低筋麵粉
麵衣（→P12～15）
炸油
天婦羅醬汁（→P72），或鹽

■廚房紙巾

* 本店使用的是天然生長的鴻喜菇，各位在家料理時，使用市面常見品種即可。

用手將整朵鴻喜菇剝成兩塊。接著分別切除根部，但注意不可切得太深，使細菇散開分離。

❈ 作業時可於砧板鋪放廚房紙巾，避免弄髒砧板。

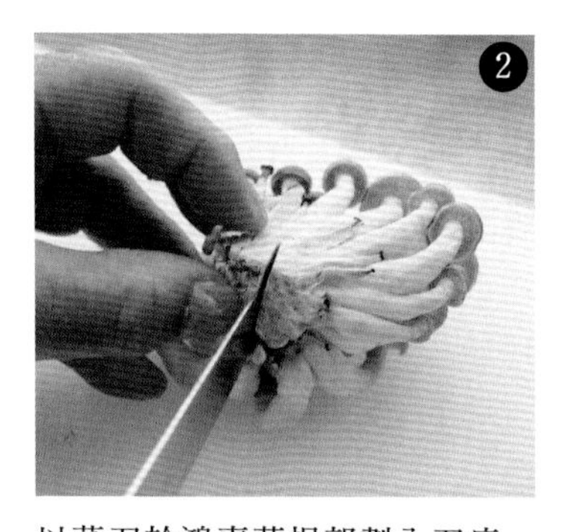

以菜刀於鴻喜菇根部劃入刀痕，並從刀痕處以手剝成兩塊。重覆此動作，將鴻喜菇切剝成8根左右的扁平塊狀，注意須切除殘留的根部。

完成前置處理的鴻喜菇。將炸油加熱至180℃。

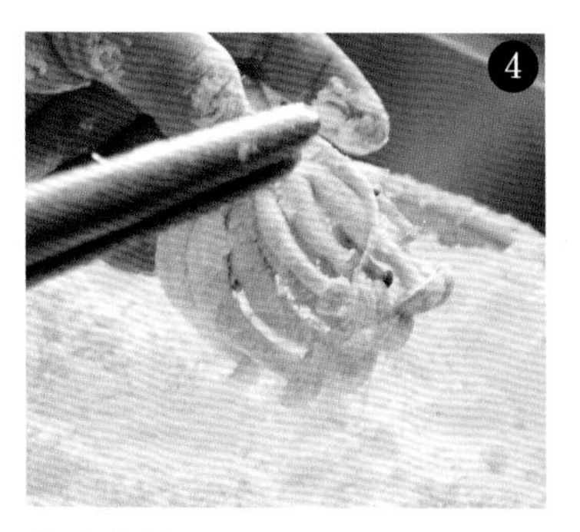

將鴻喜菇塊整個撒裹麵粉，以筷子敲落多餘的麵粉。

浸入麵衣，菌傘朝下，滴落多餘的麵衣。

❈ 傘梗間的麵衣也要瀝乾淨。

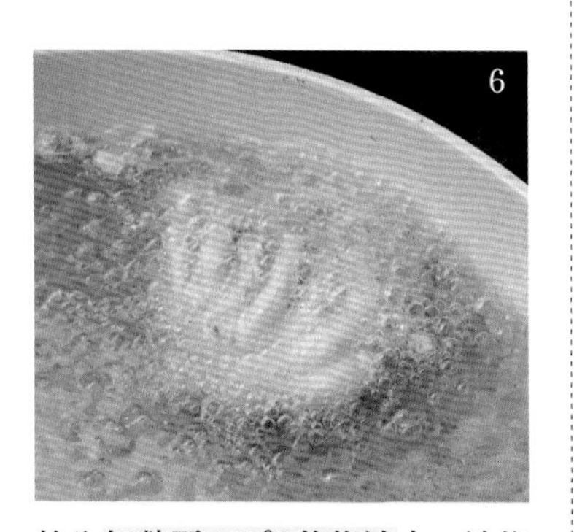

放入加熱至180℃的炸油中，油炸約15秒，待下方的麵衣定型。

❈ 鴻喜菇富含水分，因此會瞬間產生許多細小氣泡，並發出尖銳的噴油聲。

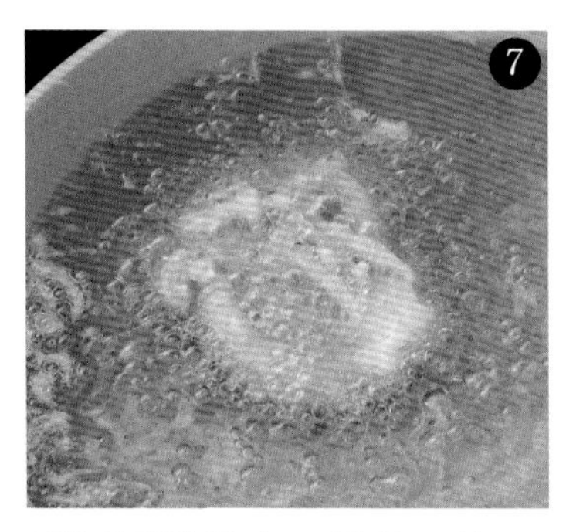

以筷子掀撈翻面，再炸約30秒。

❈ 油炸鴻喜菇時，上方的麵衣容易從間隙流至下方並集結成塊，因此必須盡早翻面。當噴油聲變小時，即可將鴻喜菇翻面。

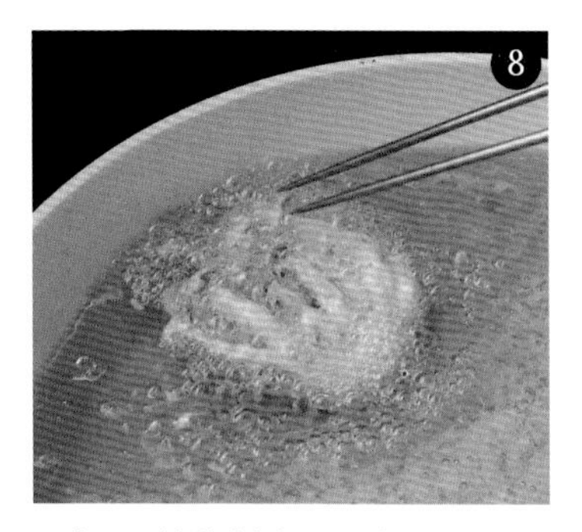

以每15秒的頻率不斷翻面，並繼續油炸約2分鐘。此時氣泡會變大，噴油聲則會愈變愈小。

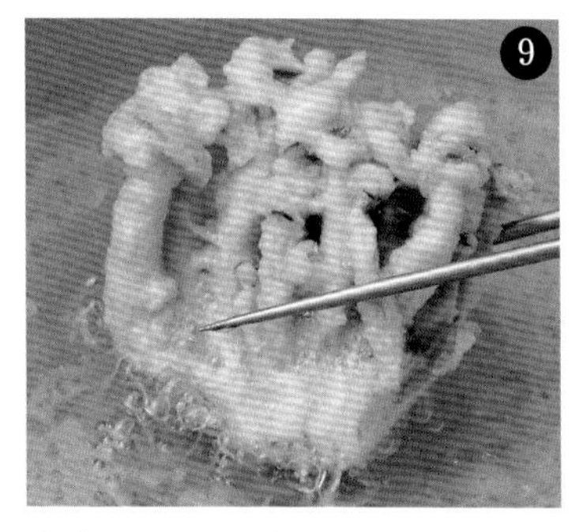

取出後置於餐巾紙上瀝油。目標成品並須麵衣均勻未結塊，每支菇梗挺直豎立。

❈ 切開或剝開會使水分流失，因此建議將整塊鴻喜菇天婦羅直接盛盤上桌。

舞菇

封鎖住香氣與水分

季節
秋

油溫
下鍋時
180℃
▼
維持在
170℃

油炸時間
短

菇類中最容易流失水分的就屬舞菇，因此應盡可能選用剛採收不久、菌傘仍濕潤保水的舞菇。若像鴻喜菇一樣切成扁平狀雖較容易加熱，但若切得太薄，反而會使舞菇流失既有的香氣及風味，因此還是須帶些許厚度。另外因舞菇菌傘間的間隙較多，麵衣容易結塊，可將麵衣濃度稍微調淡，避免麵衣過厚，才能充分發揮舞菇的水嫩口感。

材料

舞菇*

低筋麵粉

麵衣

（→P12～15，稍微調稀）

炸油

天婦羅醬汁

（→P72），或鹽

* 人工栽培的舞菇可以直接使用，但天然舞菇較多髒污，因此須以乾毛刷充分刷拭。

❶ 以菜刀於舞菇根部劃入刀痕，並從刀痕處以手剝成兩塊。重覆此動作，將舞菇切剝成薄片扇形，最後再將根部切除。

✽ 以手剝成自然的形狀不僅能避免舞菇散裂分離，還能留住舞菇的水分及香氣。

❷ 完成前置處理的舞菇。將炸油加熱至180℃。

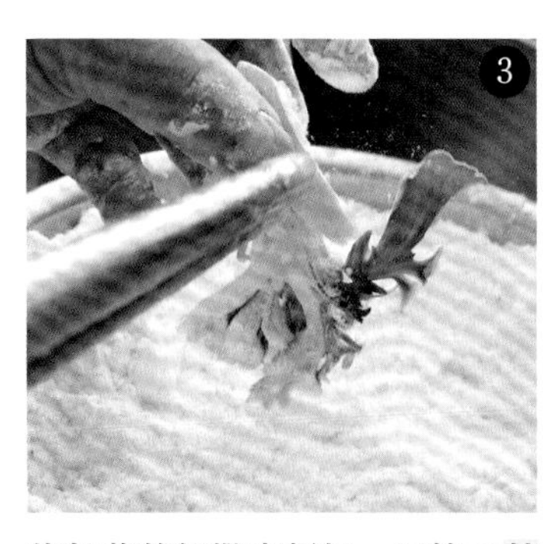

❸ 將舞菇整個撒裹麵粉，以筷子敲落多餘的麵粉。

❹ 浸入麵衣，滴落多餘的麵衣。

✽ 要注意麵衣不可過厚。

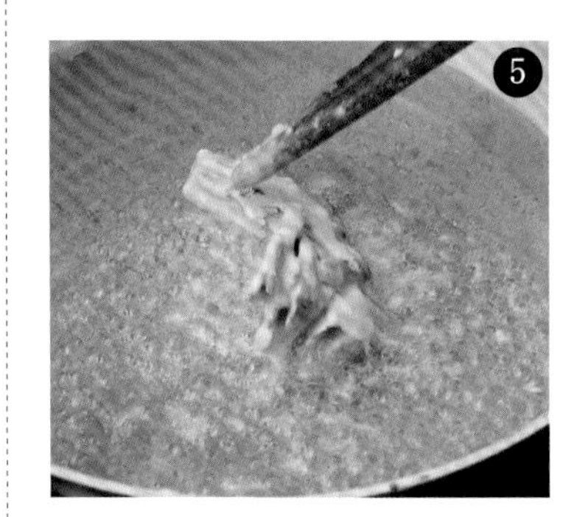

❺ 放入加熱至180℃的炸油中，油炸約20秒，讓下方的麵衣定型。

✽ 會瞬間產生許多小氣泡，發出尖銳的噴油聲。

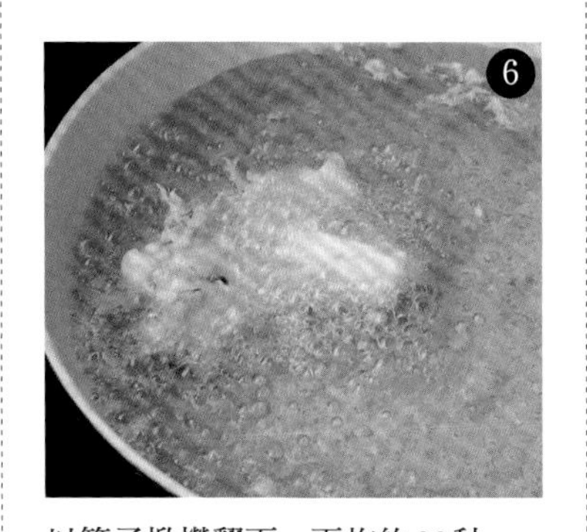

❻ 以筷子掀撈翻面，再炸約30秒。

✽ 油炸舞菇時，上方的麵衣容易從間隙流至下方並集結成塊，因此必須盡早翻面。當噴油聲變小時，即可將舞菇翻面。

❼ 再次翻面，以每15秒的頻率不斷翻面，並繼續油炸約2分鐘後，當氣泡變大，噴油聲逐漸變小時，即可起鍋。

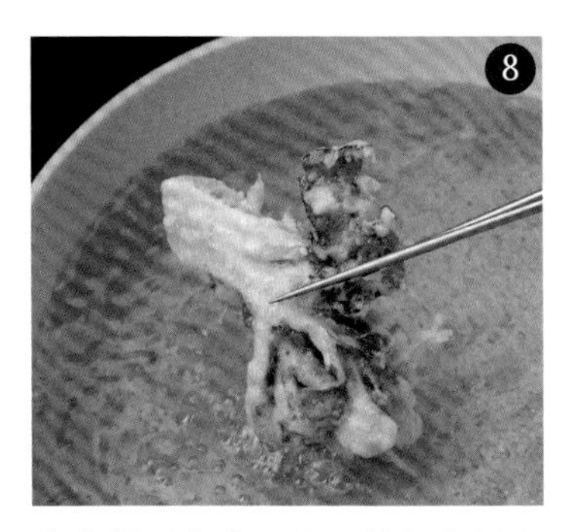

❽ 菌傘朝下取出，並置於餐巾紙上瀝油。

✽ 舞菇炸太久會變硬，油炸時務必掌握起鍋時間。此外，切開或剝開會使水分流失，因此建議將整塊鴻喜菇直接盛盤上桌。

◎目標成果

麵衣薄，菇肉內側飽含水分，充滿水嫩感且香氣四溢。

「天婦羅以餘溫烹調而成」是我一貫的主張，而最典型的品項，就是即將在此介紹的幾項蔬菜天婦羅。
將番薯、南瓜這類富含澱粉、質地扎實的食材切成大塊下鍋油炸。
從炸油中取出後，再利用餘溫長時間加熱，使食材悶至鬆軟，口感獨特又難忘。

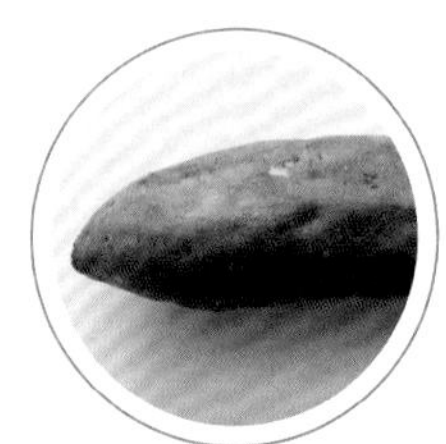

番薯

切成5cm厚下鍋油炸

季節
冬

油溫
下鍋時 180℃ ▼ 維持在 170℃

油炸時間
長

想要以天婦羅呈現烤地瓜般口感蓬鬆，又甜又軟的美味——於是研發出這道圓柱狀的番薯天婦羅，如今更成了「天婦羅近藤」的招牌菜。

番薯的油炸時間長達30分鐘，即便外觀已炸至酥脆且香氣四溢，但裡頭卻仍未完全熟透，因此須以紙巾包裹，利用餘溫慢慢悶蒸10分鐘，帶出柔軟的口感及風味，切開後的金黃色澤更是漂亮耀眼。

材料

番薯*

低筋麵粉

麵衣（→P12～15）

炸油

天婦羅醬汁（→P72），或鹽

■廚房紙巾

* 店裡使用的番薯是名為「紅東」的品種，不僅甜味強烈，更帶鮮味。收成後置於儲藏窖存放3個月再進貨，這段期間澱粉會轉變為糖分，讓甜味表現更加強烈。

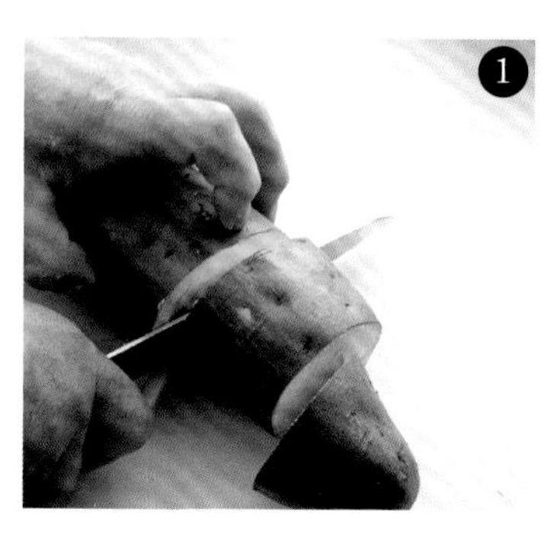

將番薯切成5cm厚。

❉ 店裡的番薯天婦羅雖為7cm厚，但考量在家油炸時的難易度，因此建議切成5cm厚即可，番薯較適中的直徑則為7～8cm。

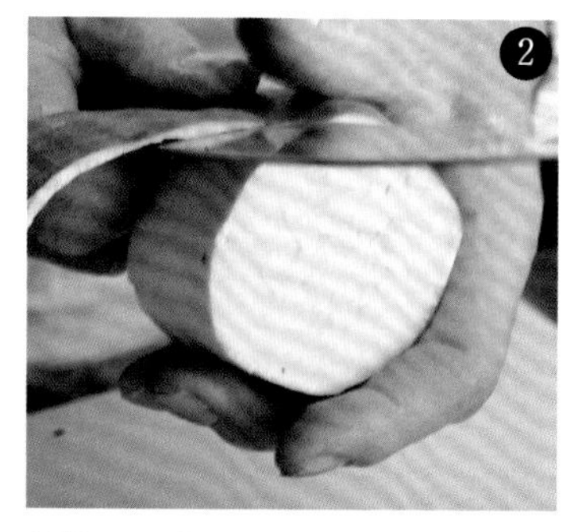

削掉一層皮，並挖除較粗的根鬚。

❉ 為了能均勻加熱，須將粗皮切除，並塑形成圓柱狀。無須在意削落的皮厚是否均一，只要確實塑形成圓柱狀即可。削皮後亦能縮短烹調時間。

完成前置處理的番薯。將炸油加熱至180℃。

❉ 削皮後，番薯可能會變黑，此時須將變黑處切除。長時間接觸空氣會增加變黑面積，因此建議下鍋前再削皮。

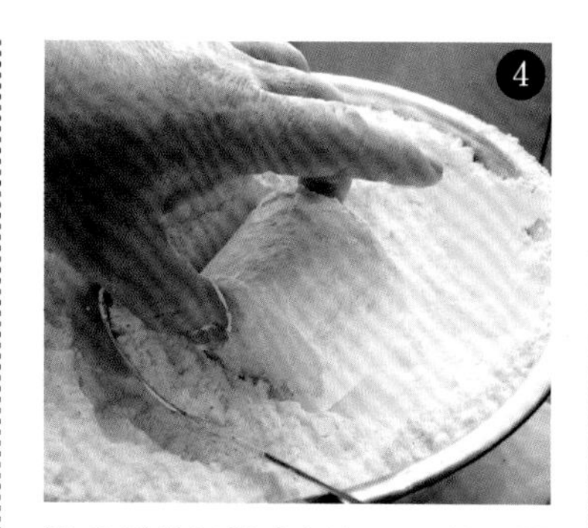

將番薯整個撒裹麵粉，以筷子敲落多餘的麵粉。

浸入麵衣。

❉ 麵衣容易剝落，因此須確實進行沾附作業。此時，麵粉及麵衣的功能就像番薯皮，能讓餘溫順利地加熱至番薯中心處。

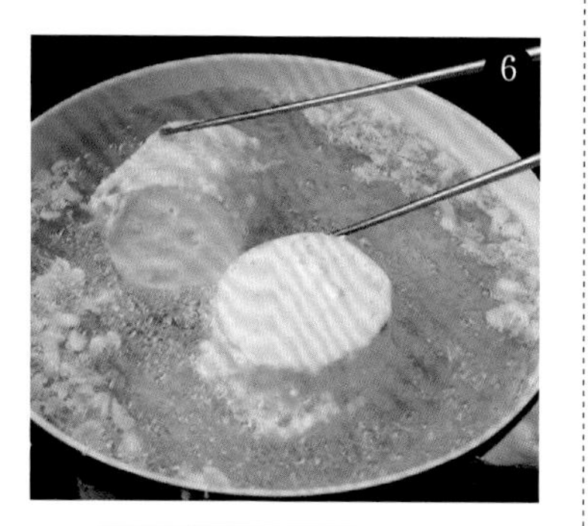

放入加熱至180℃的炸油中，油炸20秒後立刻翻面。

❉ 番薯又大又重，須確實握持放入油中。在油溫尚未降低前翻面，才能讓整體麵衣定型。

以不超過1分鐘的頻率不斷翻面，並留意側面也須均勻加熱。

❉ 由於番薯很重，無法浮起，從頭到尾都會附著於平底鍋底，因此油炸時須不斷翻動，避免焦掉。

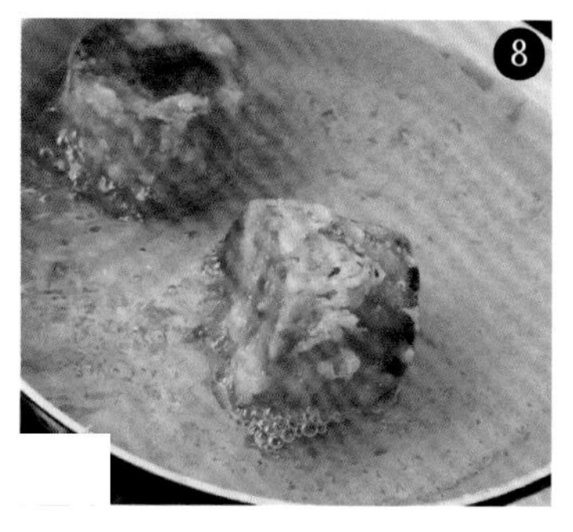

油炸總計約30分鐘，使表面帶香，顏色金黃美麗。

❉ 當油溫降低時，則須調整火候，讓溫度維持在170℃。不斷加熱的過程中，表面會開始呈現番薯皮的顏色，並飄出帶甜香氣。

從炸油中取出，以廚房紙巾逐一包裹靜置，利用餘溫再加熱10分鐘左右。

南瓜

厚切油炸發揮特殊香甜

季節
秋

油溫
下鍋時
180℃
▼
維持在
170℃

油炸時間
長

南瓜一般會切薄片做成天婦羅，但近藤流的南瓜天婦羅則和番薯一樣，切成大塊下鍋油炸，讓客人享受到柔軟又蓬鬆的美味。推薦的品嘗季節為南瓜鮮甜的9～10月，一顆南瓜會切成四等分下鍋油炸，因此盡量選用小顆南瓜。為了能讓南瓜均勻並快速受熱，分切後須再將兩端切除，調整成接近長方體的形狀。切下的南瓜塊則可做為其他料理使用。油炸時間約為17～18分鐘，最後再以餘溫悶蒸10分鐘，完成南瓜天婦羅。

材料
南瓜
低筋麵粉
麵衣（→P12～15）
炸油
天婦羅醬汁（→P72），或鹽

■廚房紙巾

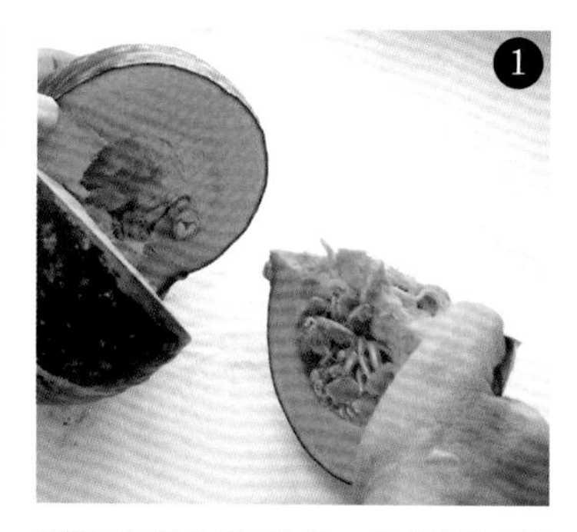

將刀尖刺入蒂頭旁，沿著側面將菜刀劃切至底部。接著將南瓜轉向90°，再次下刀劃切至蒂頭處。南瓜底部朝上，將刀尖深刺入切痕內側，切下1/4塊南瓜，以相同方式將南瓜四等分。

以手剝除蒂頭，南瓜籽與內膜則可先以菜刀於兩端劃入刀痕後，再用刀背沿著曲面刮除。

※ 內膜不帶鮮味又容易焦掉，因此務必確實去除。

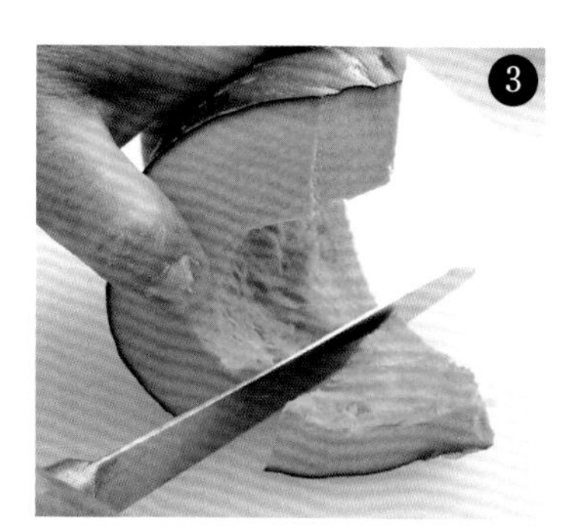

切下兩端的果肉，並切成左右對稱的形狀。接著將皮面朝上，薄薄切除切口邊緣的南瓜皮。

※ 保留南瓜兩端果肉的話，不僅無法整塊浸入炸油中，還會讓炸油較難流入凹面，導致不易加熱。

完成前置處理的南瓜。將炸油加熱至180℃。

將南瓜整塊撒裹麵粉，以筷子敲落多餘的麵粉後，浸入麵衣中。

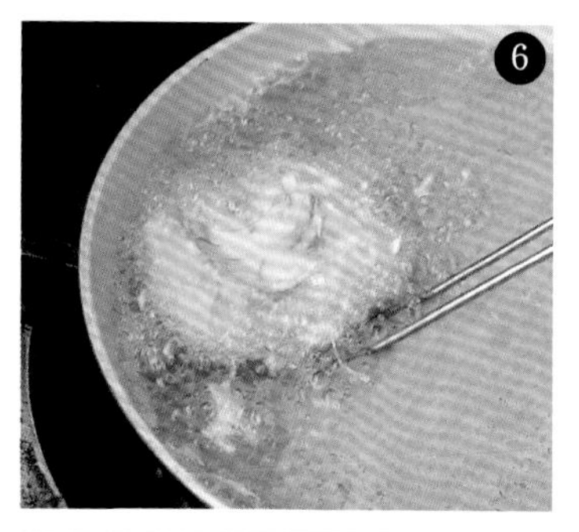

凹面朝上，放入加熱至180℃的炸油中。

※ 若炸油無法自行流入凹面時，則可以湯杓等用具撈油澆淋。

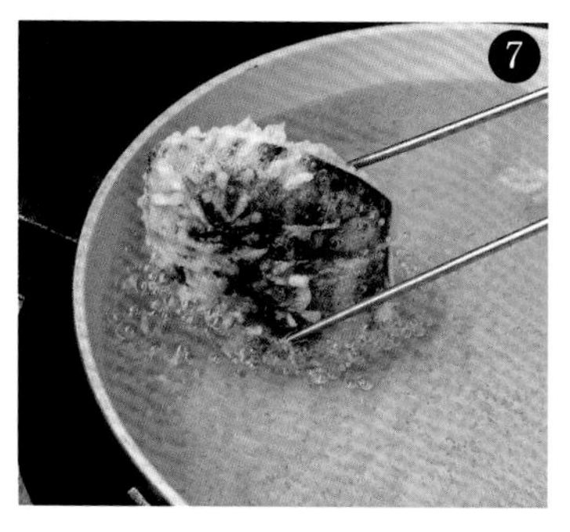

以每分鐘翻面一次的頻率，持續油炸約10分鐘。

※ 為避免油溫降幅過大，每隔5分鐘左右就必須加大火候，接著再轉小，讓溫度維持在170℃。

油炸10分鐘後，再以每2～3分鐘的頻率，不斷翻面繼續油炸10分鐘後起鍋。

※ 過程中以調整火候的方式維持油溫，快炸好時表面會明顯帶色、重量變輕，且幾乎不會噴油。

以廚房紙巾包裹10分鐘左右，利用餘溫加熱。接著以刀背敲打南瓜皮邊緣一圈，敲掉南瓜皮上的麵衣。最後縱切成兩等分。

※ 南瓜皮的麵衣容易剝落，也容易過度油炸，因此將麵衣剝除再上桌。

夾入米飯的天婦羅配菜
馬鈴薯

季節
秋

油溫
下鍋時
180℃
▼
維持在
170℃

油炸時間
長

一般的馬鈴薯天婦羅雖然也很美味，味道表現上卻怎樣也無法與同為炸物的薯條一比。雖說可樂餅與洋芋片十分美味，但卻不是能出現在天婦羅店裡的菜色……。此時，我想出了將白飯夾在馬鈴薯中做成天婦羅的點子。既然兩者同為澱粉組合，就沒有不相搭的道理。將剛炸好的馬鈴薯天婦羅對半切開，並於白飯淋上些許醬油，馬鈴薯的鮮味加上香噴噴的烤飯糰，可以品嘗到前所未有的美味。

材料
馬鈴薯
白飯
低筋麵粉
麵衣（→P12～15）
炸油
醬油
天婦羅醬汁（→P72），或鹽

■ 廚房紙巾
■ 料理壓模（或2塊料理盆）
■ 保鮮膜

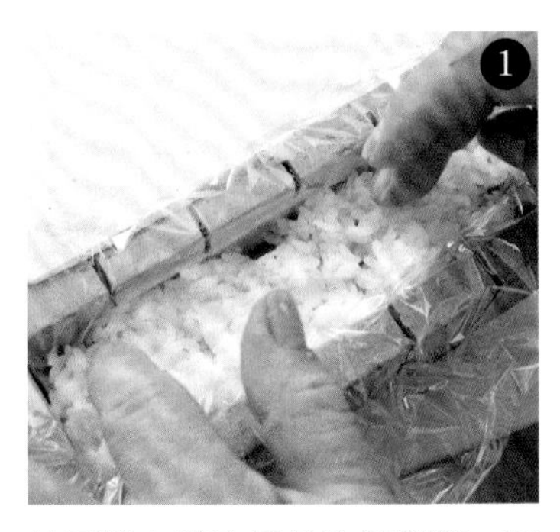

於壓模中鋪入長長的保鮮膜，壓入1cm厚的白飯後蓋上保鮮膜，並以壓模蓋按壓定型。

❈ 放置重壓5分鐘左右能讓白飯更緊密，不容易崩散。另也可以2塊料理盆疊放代替壓模。

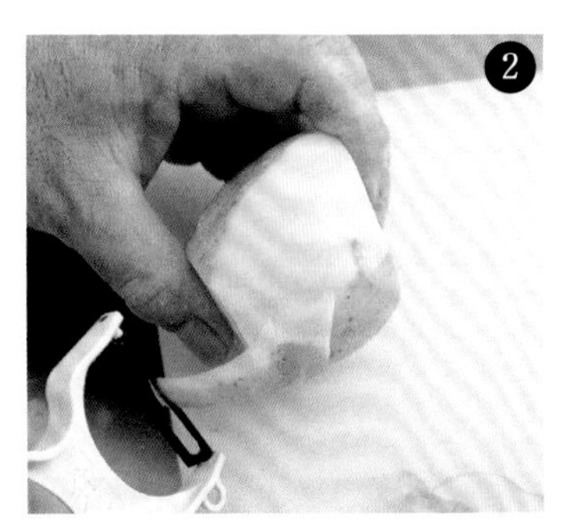

稍微切除馬鈴薯的頭尾，削皮後，輪切成1.5cm的片狀。

❈ 切掉頭尾兩端能讓削皮時更好握持馬鈴薯。削皮後無須水洗，以利用切口的澱粉與白飯密合。

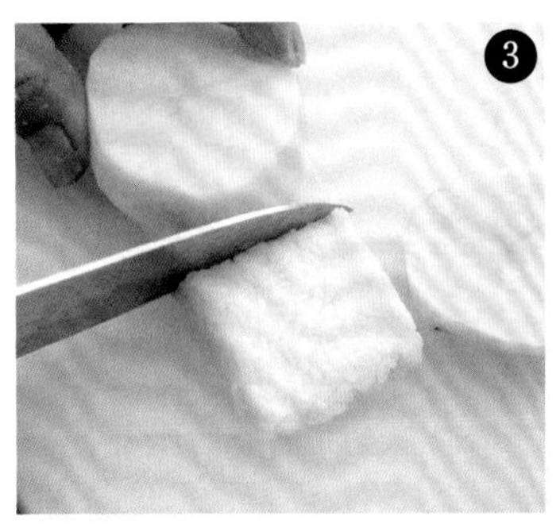

撕掉❶白飯的保鮮膜，依照馬鈴薯的直徑，將白飯切成四方形。

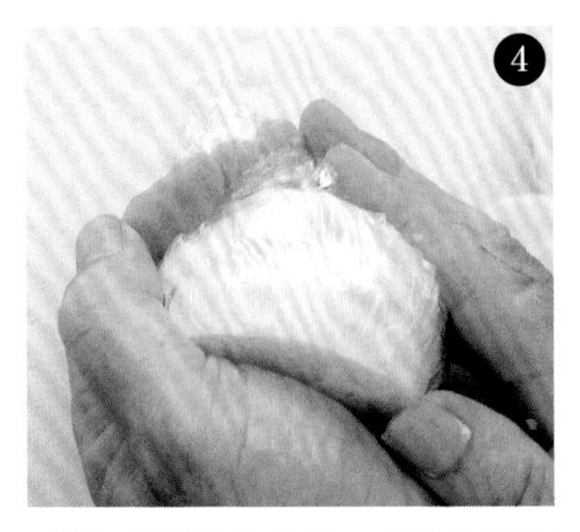

2片馬鈴薯夾住白飯，再用保鮮膜包裹。將外溢的白飯塑成圓形，並用力上下按壓，使馬鈴薯與白飯緊緊密合。

❈ 包裹保鮮膜就能輕鬆塑形，避免食材滑動位移。

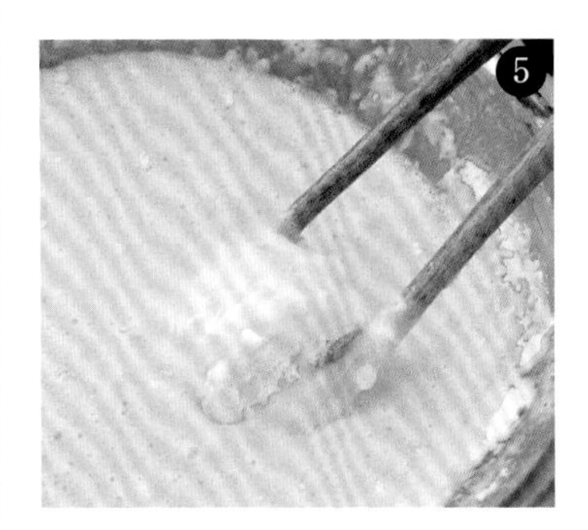

將炸油加熱至180℃。完成前置處理的馬鈴薯裹粉後，先敲落多餘的麵粉再浸入麵衣中。

放入加熱至180℃的炸油中。

❈ 光用筷子較難夾取，須以手扶住放入油中。食材厚度較厚，因此上半部會露在炸油之外。

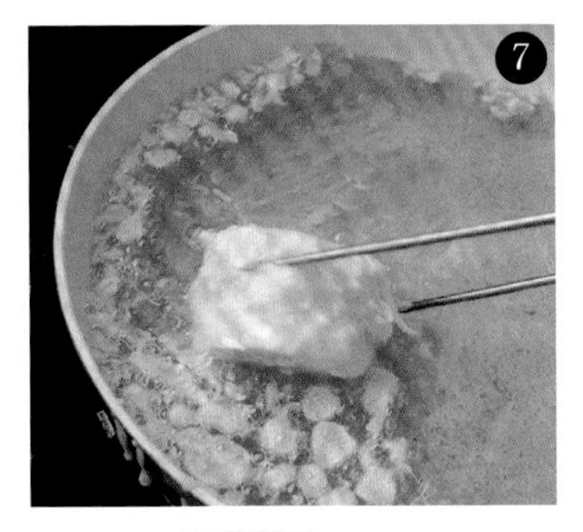

約10秒後立刻翻面。

❈ 迅速翻面是為了避免未浸入炸油的麵衣滴垂，同時也能預防馬鈴薯附著於鍋底焦掉。

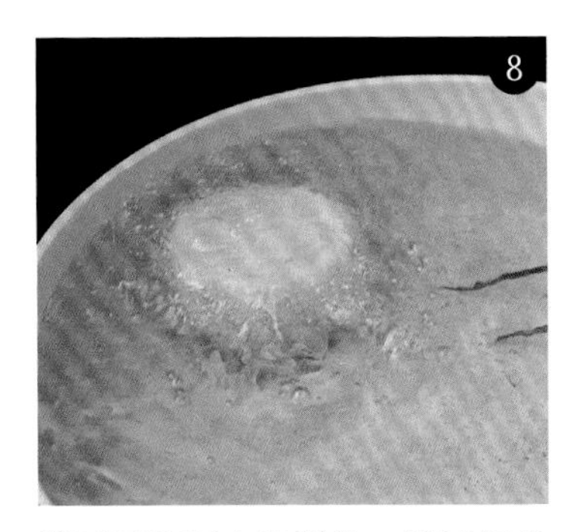

當兩面的麵衣定型後，再以每分鐘翻面一次的頻率，慢慢油炸8分鐘。將平底鍋稍微傾斜增加炸油深度，若馬鈴薯能浮起就表示已經炸熟。

❈ 在家料理時亦可用細牙籤確認軟硬度。

從炸油中取出後，以廚房紙巾包裹3～5分鐘左右，利用餘溫加熱。品嘗前再將馬鈴薯縱切成半，並於白飯淋上些許醬油。

栗子

秋季果實天婦羅

季節
秋

油溫
下鍋時
180℃
▼
維持在
170℃

油炸時間
長

炸過的栗子竟然能變得鬆軟美味，說起來真的相當神奇。在我的店裡，栗子是一道能讓客人欣喜無比的秋季天婦羅料理。

栗子須將鬼皮（外層硬殼）與澀皮（內層薄皮）全部剝除再下鍋油炸，但由於水分含量較其他天婦羅低，質地又較硬，因此不會出現明顯的噴油情況。料理過程不同於其他蔬菜，或許會讓人心生懷疑，但其實無須太過在意。油炸約6分鐘後再以廚房紙巾包裹15分鐘進行餘溫加熱。在經過餘溫悶蒸後，更能展現出栗子特有的甜香味。

材料
栗子
低筋麵粉
麵衣（→P12～15）
炸油
天婦羅醬汁
（→P72），或鹽

■廚房紙巾

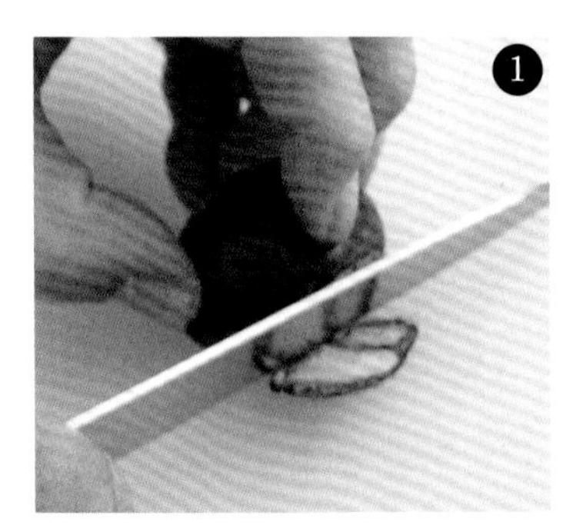

以菜刀薄切掉鬼皮底部（下方粗糙的部分）。

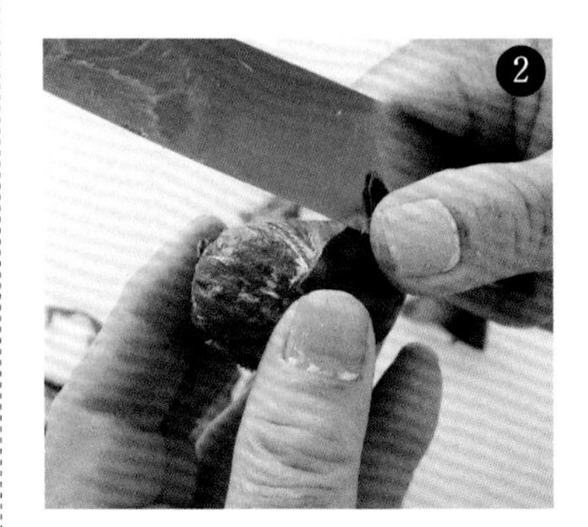

從❶的切口朝上剝除鬼皮，接著再以相同方式剝除澀皮。

✽ 無論是鬼皮或澀皮都須從側緣較窄的位置剝削掉一圈。殘留些許澀皮不會有太大問題，陷入果實的澀皮則可劃V字切除。

完成前置處理的栗子。將炸油加熱至180℃。

裹粉後，敲落多餘的麵粉。

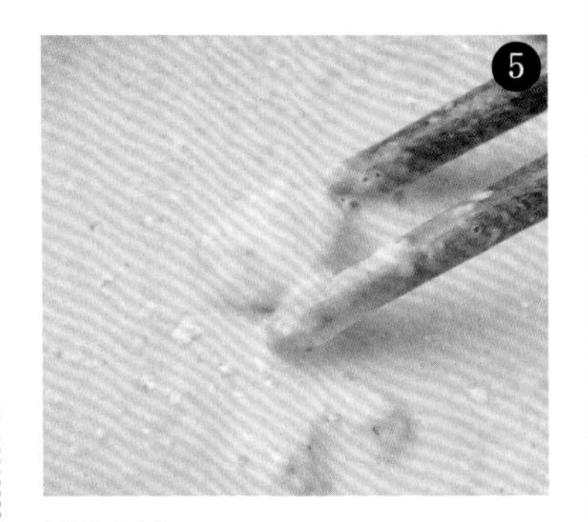

浸入麵衣。

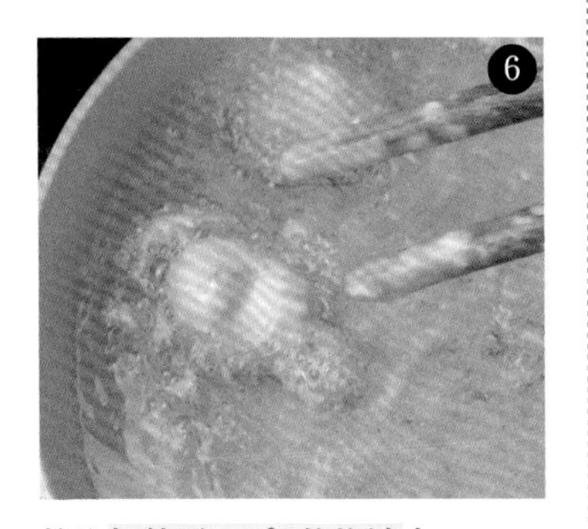

放入加熱至180℃的炸油中。

✽ 栗子水分含量少，放入炸油時產生的氣泡少，且不會噴油。

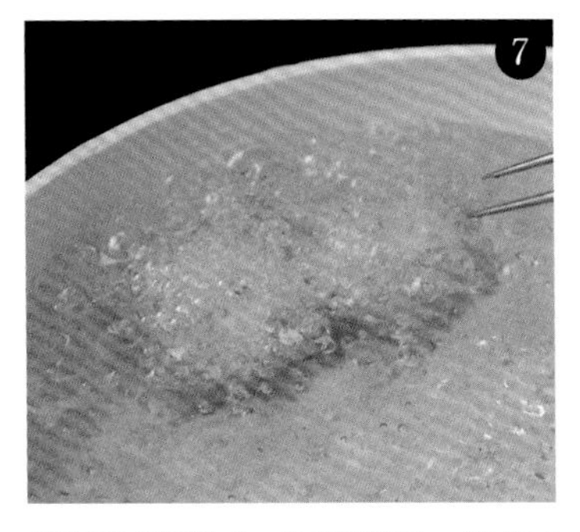

以每分鐘翻面一次的頻率，油炸6分鐘左右。

✽ 若栗子太大顆，或是炸油深度不夠，栗子上方會露出炸油時，可將平底鍋稍微傾斜，讓栗子整顆浸在油中加熱。

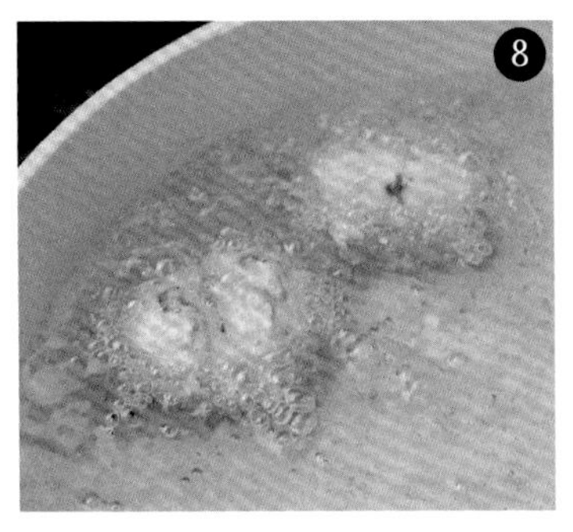

當氣泡量減少，原本沉在鍋底的栗子浮至油面時，就表示即將可以起鍋。

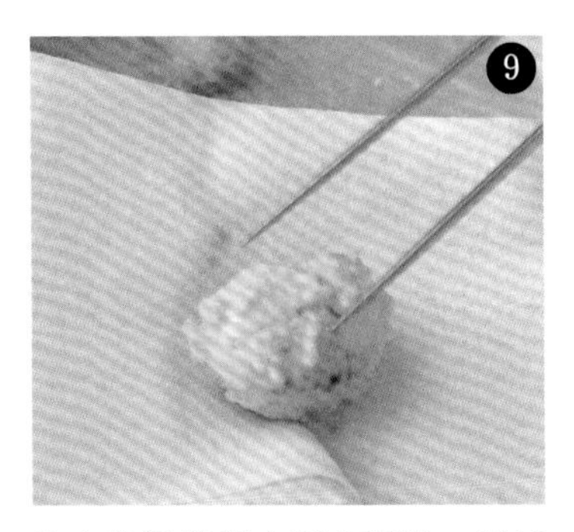

取出後置於餐巾紙上瀝油，並以廚房紙巾逐一包裹，利用餘溫再加熱15分鐘左右。

天婦羅醬汁做法

天婦羅醬汁能讓天婦羅品嘗起來更加美味。取4：1：1比例的水、味醂及醬油，並放入柴魚片煮成高湯，冷藏約可存放2天。煮好的高湯同時能作為沾麵醬汁使用，若再添加砂糖與醬油，還能作為滷物的滷汁，因此建議可增加製作份量，多方運用。

材料（容易製作的份量）

水…400mℓ

味醂…100mℓ

醬油100mℓ

柴魚片*…10g

*本店使用現刨柴魚片。雖然用量不多，但現刨柴魚能讓香氣及鮮味大大加分。

將水與味醂倒入鍋中，並以大火加熱。

立刻加入柴魚片

✽ 趁液體尚未變熱前加入柴魚片能讓高湯風味更佳。

沸騰後，持續以大火加熱1分鐘，讓酒精成分蒸發。

加入醬油，讓高湯再次沸騰。關火後，靜置5分鐘左右，接著以廚房紙巾過濾，並置於常溫。

選用海鹽

品嘗天婦羅時，以鹽替代醬汁也相當美味。本店兩者皆有提供，讓客人能依喜好選擇。天婦羅最適合與鹽分濃度適中的海鹽搭配。

少量醬汁即是美味

將天婦羅整塊浸入醬汁，或是直接泡在醬汁中都是NG行為，因為這樣會使麵衣泡軟變爛。於天婦羅擺上白蘿蔔泥，再稍微沾點醬汁才能品嘗到麵衣的美味。

天婦羅醬汁置於常溫即可

天婦羅醬汁以常溫品嘗才是最美味的。若醬汁太燙會讓酥脆無比的麵衣變軟；若醬汁太冰，則會讓熱騰騰的天婦羅冷掉。

第二章

海鮮天婦羅

天婦羅料理中屬王道的炸蝦、
江戶前料理必點的星鰻或沙鮻，
以及平常較少炸成天婦羅的
扇貝與牡蠣等食材。
透過近藤主廚傳授的方法，
充分享受海鮮的原始風味吧！

提起江戶前天婦羅就無法不談海鮮，具代表性的食材包含了芝蝦、星鰻、沙鮻等。自古以來，舊稱「江戶前」的東京灣就能大量捕獲這些海鮮食材，做成天婦羅、壽司等美食滿足江戶市井小民的味蕾。其他像是鰕虎、稚香魚、銀魚、鮑魚、大眼牛尾魚、狼牙鱔、白子、小貝柱、蛤蠣……等，雖未出現在本書中，卻也都是能在「天婦羅近藤」品嘗到的四季美味。

炸蔬菜天婦羅時，油溫多半會設定為170℃，就算再提高溫度大概也只到175℃左右，但不同的海鮮油炸適溫卻會相差甚大。油炸肉身較薄且柔軟的沙鮻時適溫為175～180℃，蝦子則為180℃左右，而星鰻的適當油溫最高，必須達190℃。根據海鮮的肉質與厚度，能炸出美味天婦羅的油溫也會不同。

海鮮的水分含量比蔬菜來得更多，若殘留多餘水分，下鍋時不僅容易噴油，更無法呈現食材本身的鮮美。因此前置處理時，確實拭乾水分的步驟便相當重要。

海鮮天婦羅　料理三訣竅

一

充分加熱才能發揮食材本身的鮮美

海鮮是天婦羅料理中的主角，取能直接生食品嘗的新鮮海產，處理過後油炸成天婦羅，便能呈現出「悶蒸的美味」。牡蠣及扇貝只須稍微炸過，不僅能保留生鮮感，還可同時發揮甜味；星鰻則須充分油炸，將星鰻皮炸製酥脆，與彈嫩、濕潤的星鰻肉呈鮮明對比。如此一來，便能享受各種不同食材本身的鮮美。

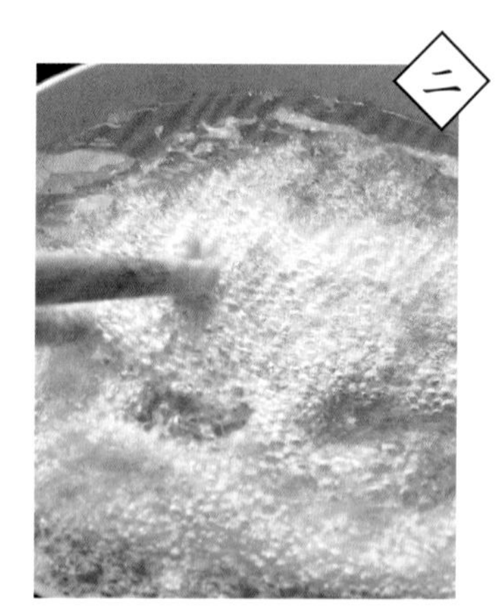

二

食材不同，油溫也相異

每種海鮮都擁有特殊的風味，因此料理時的炸油所需溫度也會有所不同。若要保留像沙鮻這類肉薄質軟的海鮮特性，必須以稍低的175℃油炸；半生狀態最美味的烏賊或扇貝則是以180℃左右的中溫快速油炸；外皮須充分加熱的星鰻則是以較高的190℃慢慢炸熟。

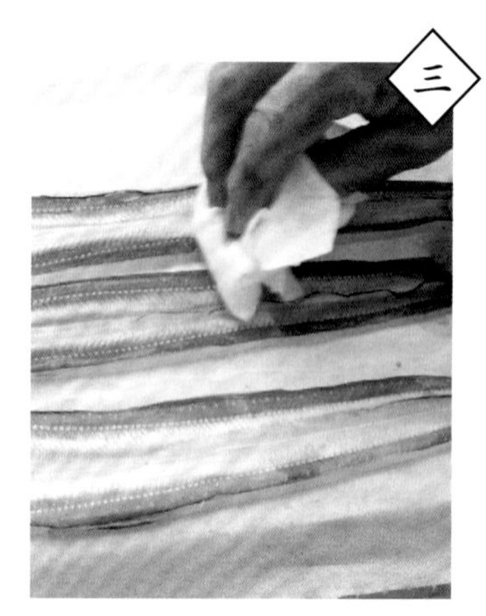

三

拭乾多餘水分

海鮮與蔬菜最大的差異之處，在於須透過加熱蛋白質發揮本身的風味，因此減少表面多餘的水分能讓烹調更有效率。這是因為透過炸油傳熱時，表面的水分加熱後才會傳導至食材，如此將會相當耗時。因此，只要水分愈少，就能愈快起鍋，並保留更多的鮮度。

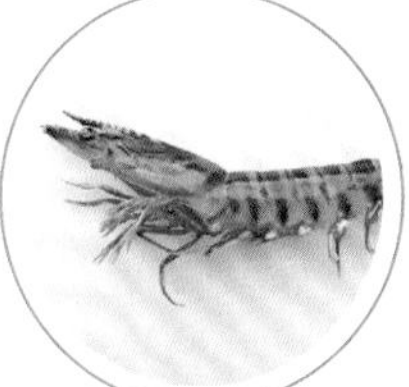

明蝦

天婦羅中的王道

季節
夏

油溫
下鍋時
190℃
▼
維持在
180℃

油炸時間
短

說到天婦羅的主角，當然就是明蝦。以保存鮮味的角度來看，若能用活明蝦當然再好不過，但使用解凍後的明蝦亦可。油炸活蝦時，將蝦子放入180℃的高溫炸油中，無須翻面，油炸時間不超過1分鐘。在中間仍未熟透的狀態下起鍋，藉由入口前的短暫時間，利用餘溫將內部加熱至半熟狀態，如此一來不僅能發揮蝦子的甜味及鮮味，蝦肉的軟嫩程度更是絕妙。若要使用活蝦，長著前足的頭胸部帶有強烈鮮味，能炸到酥香無比，建議可小心剝開、下鍋油炸後享用。

材料

明蝦*
低筋麵粉
麵衣（→P12～15）
炸油
天婦羅醬汁
（→P72），或鹽

*照片中使用活明蝦。使用活蝦時可讓水分自然瀝乾，但冷凍蝦的表面水氣較重，因此解凍後須以廚房紙巾擦拭。

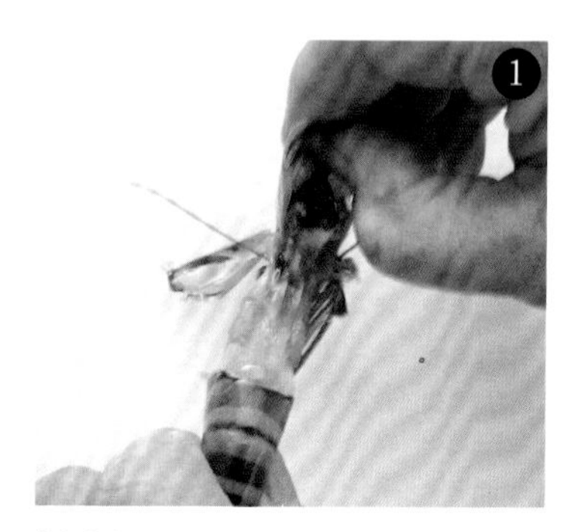

剝除蝦頭外殼。勿將整顆蝦頭扭下，而是抓住腹部後方的蝦殼處，僅將蝦頭外殼剝除。

將指尖伸至剝除蝦頭外殼後的頭胸根部，將頭胸連同前足捏下。

✽ 使用活明蝦時，再將頭胸於步驟⑭～⑮裹粉下鍋油炸。

從腹部拉出腸泥。

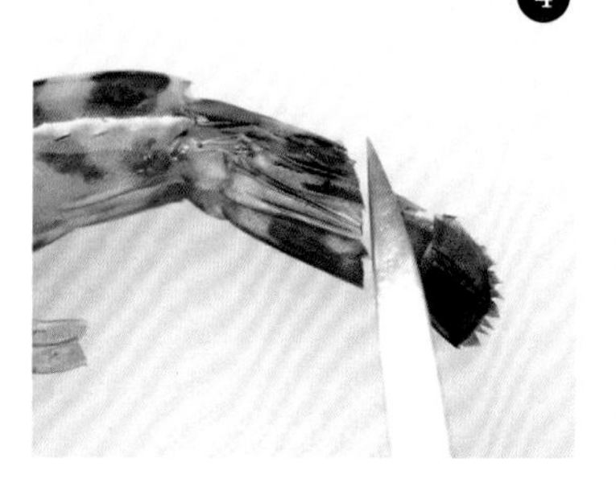

將尾肢與尾柄（末端尖殼）靠攏，切除一半的長度，並用菜刀刮除尾節裡的水分。

✽ 若尾節殘留水分，下鍋油炸時容易噴油。

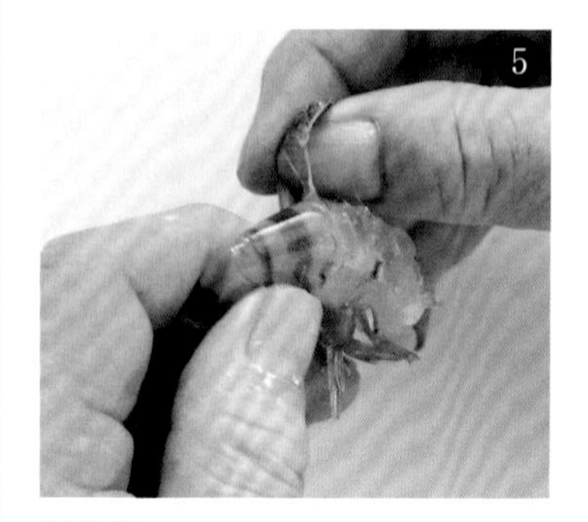

剝除第一腹節的蝦殼，接著剝除剩餘蝦殼。

✽ 先剝除第一腹節的蝦殼能讓後續剝殼作業更加輕鬆，但須保留尾節與尾節上方的一節蝦殼。

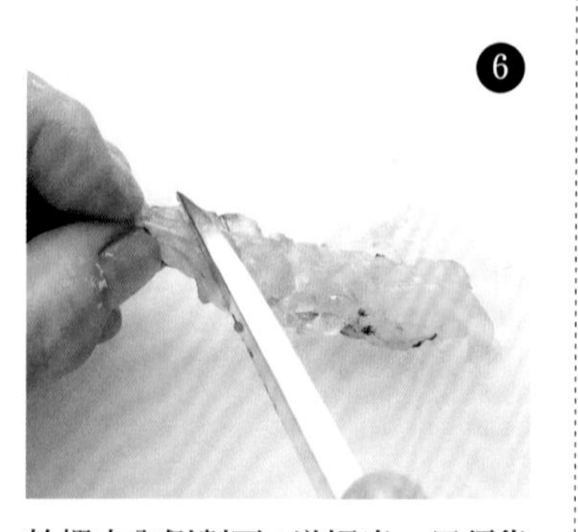

於蝦肉內側劃下4道切痕，只須靠菜刀重量輕劃出短切痕。

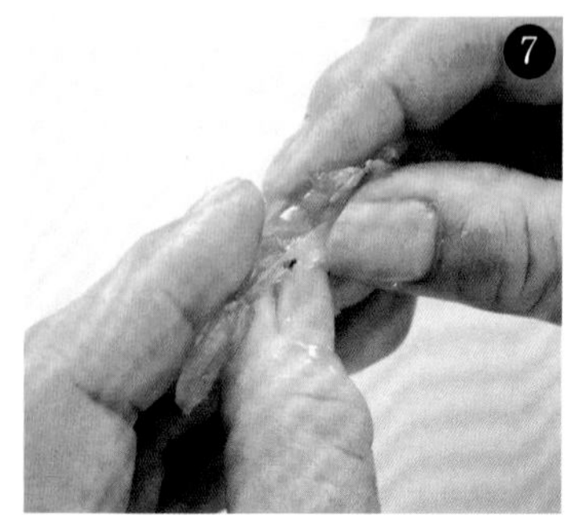

以手指用力按住蝦背，將表皮壓開，讓裡頭的蝦肉蹦彈開來，共須按壓3～4處。冷凍蝦則以廚房紙巾拭乾水分。

✽ 如此一來蝦子就能完全變直，油炸後也不會彎曲。

完成前置處理的蝦子。將炸油加熱至190℃。

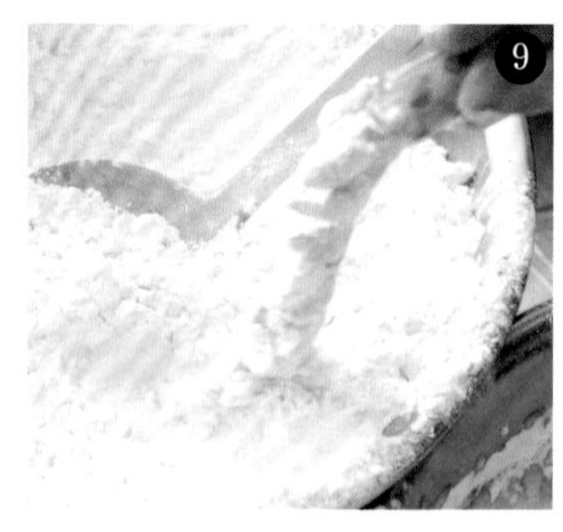

以手握住尾肢，沾裹麵粉，並以筷子敲落多餘的麵粉。蝦尾無須裹粉。

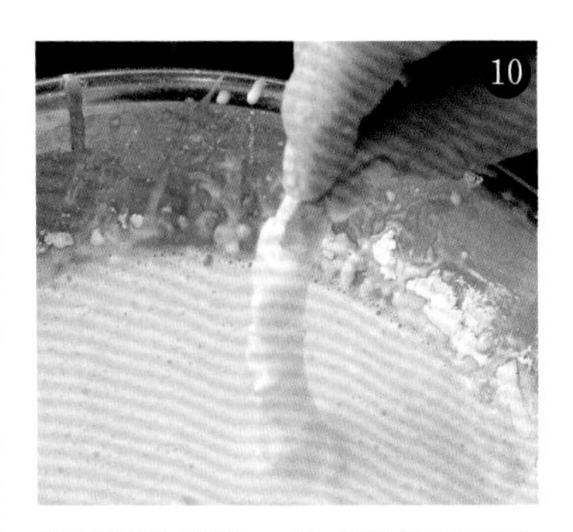

繼續握住尾肢，並直接浸入麵衣中。蝦尾同樣無須沾麵衣。

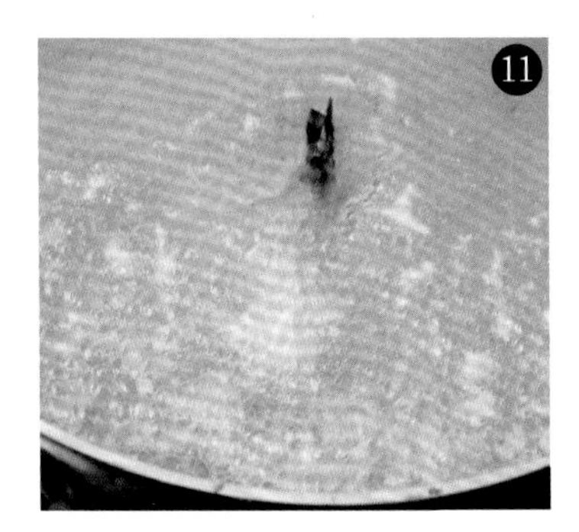

接著放入加熱至190℃的炸油中。此時蝦背須朝下，才能讓蝦身整尾伸直。

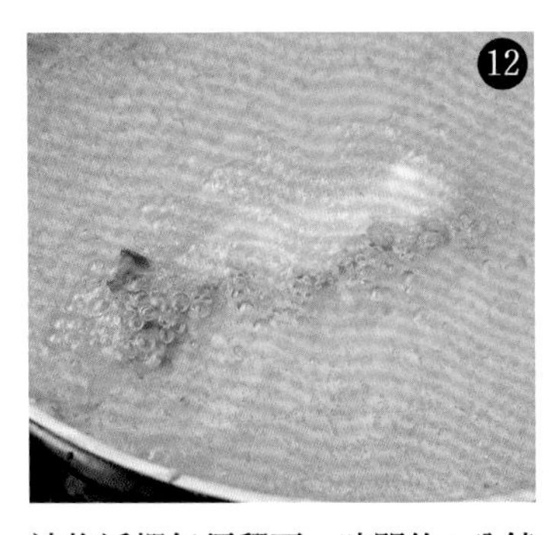

油炸活蝦無須翻面，時間約1分鐘即可。冷凍蝦則須翻面數次，將中間充分加熱。

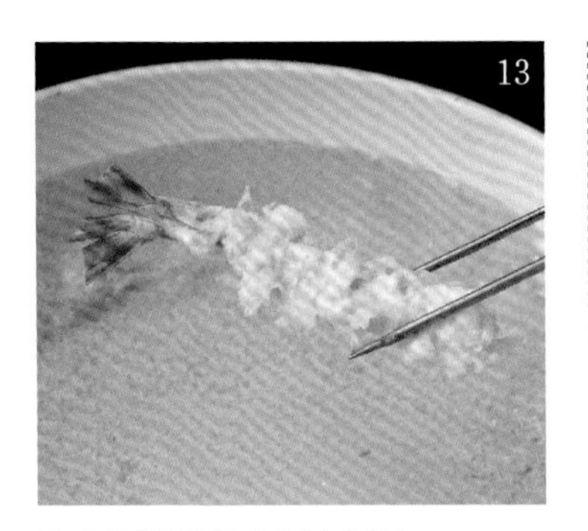

取出後置於餐巾紙上瀝油。

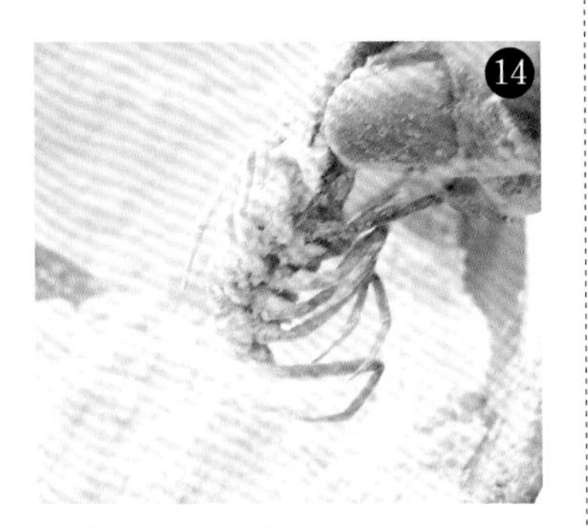

將步驟❷取下的活蝦頭胸撒裹麵粉（無須裹麵衣）。

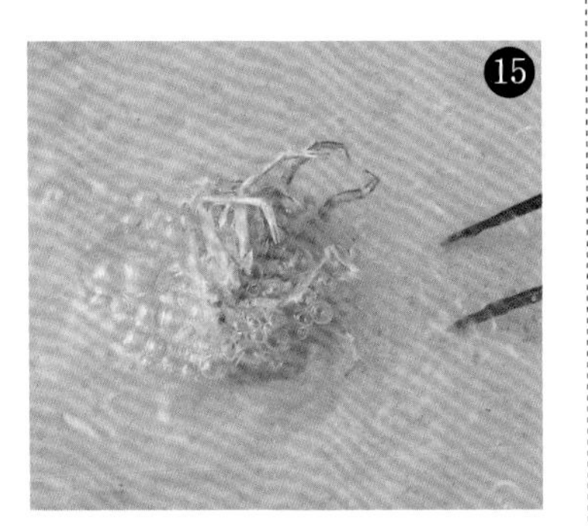

若油溫降低，須再加熱至190℃，並放入⓮的蝦頭胸，油炸約1分鐘。蝦頭胸一開始會沉在油中，變熟時則會浮起，因此可用來判斷是否已能起鍋。

◎目標成果

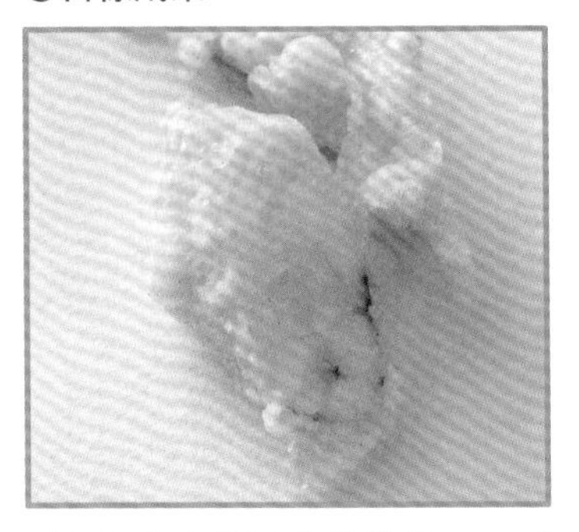

活蝦蝦肉中間呈半熟狀態，口感黏稠軟嫩。頭胸若炸到酥脆輕盈，就是最美味的狀態。

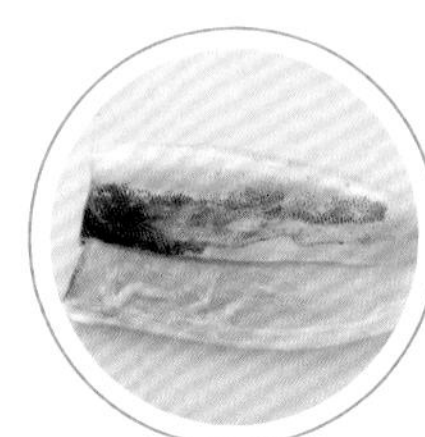

魷魚

勿炸過久，半熟即可！

季節
夏

油溫
下鍋時
190℃
▼
維持在
180℃

油炸時間
短

烏賊類加熱過度會使肉質緊縮變硬，有損本身的風味。想保留烏賊的軟嫩口感，就必須去除薄膜，並於雙面劃切格紋狀的細刀痕。考量到烏賊的薄膜數量較多，無法撕除所有薄膜，此時則可利用劃刀痕的方式來避免肉質緊縮變硬，同時還能減少噴油情況。較厚的魷魚切痕也須較深，較薄且柔軟的小卷切痕則可稍淺一點。油炸30秒左右即相當足夠，讓中間呈半熟狀態，品嘗起來口感軟嫩，同時將甜味發揮得淋漓盡致。

材料

魷魚身*
低筋麵粉
麵衣（→P12～15）
炸油
天婦羅醬汁
（→P72），或鹽

■廚房紙巾

* 使用已去除內臟及魷魚腳，及切開成片且去除骨板的魷魚身。小捲肉質軟嫩，也非常適合做成天婦羅。

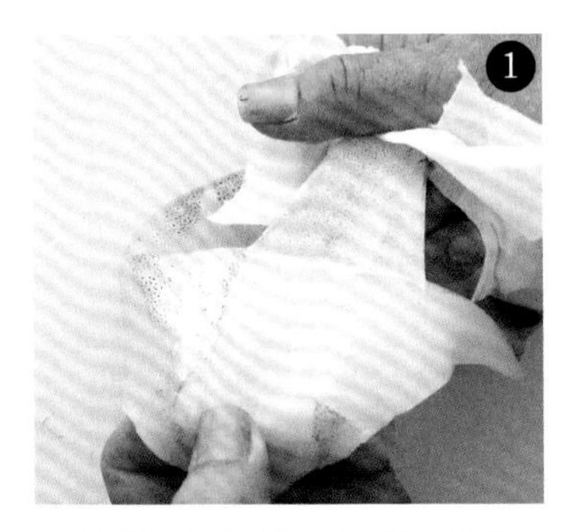

薄薄切下魷魚身左右兩側的其中一側。抓住表皮接近頂點的薄膜翹起處，並順勢撕除薄膜。

✽ 隔著廚房紙巾抓取薄膜能避免滑掉，讓撕除作業更順利。

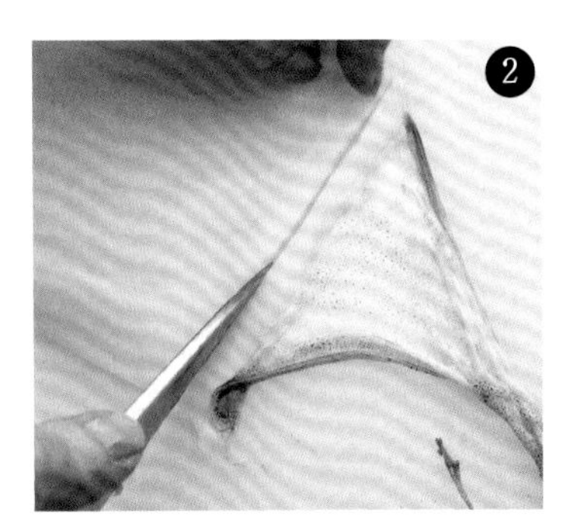

魷魚身下方較硬，可以菜刀連同皮膜薄切去除。魷魚身的另一側若仍殘留薄膜，則以菜刀薄薄切除。另也須撕除遍布於肉身內側的內皮薄膜。

✽ 市面上售有已處理完上述步驟的魷魚身，各位亦可購入使用。

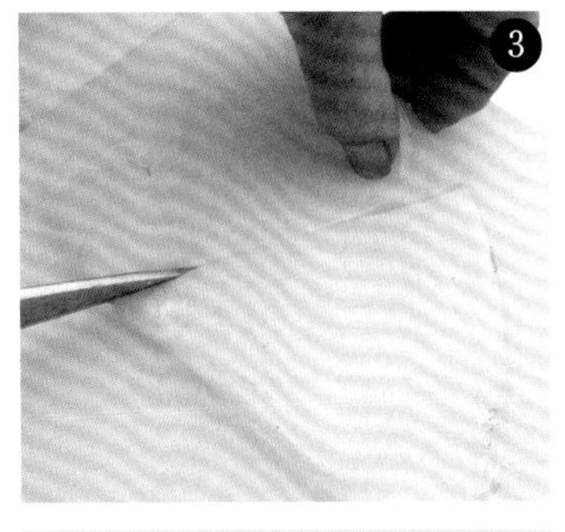

以廚房紙巾確實擦乾兩面的水分，並橫切成數塊。

✽ 依照大小分切成2～4等分，接著再切成容易入口的大小。

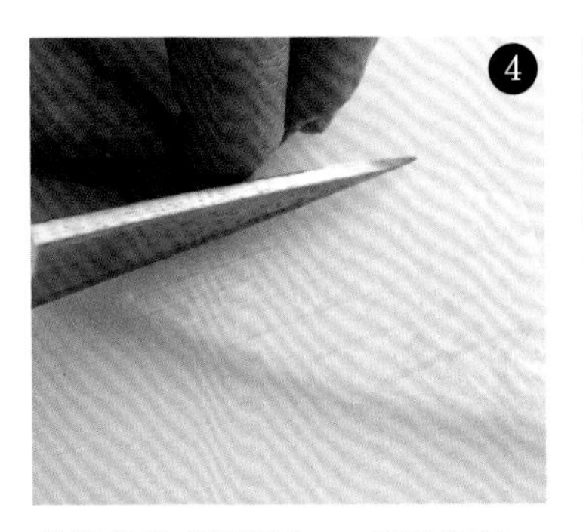

於魷魚身表面劃入2㎜寬的格紋，約切進厚度的1/3深。肉身內側同樣劃入較淺的格紋切痕。將炸油加熱至190℃。

撒裹麵粉，以筷子敲落多餘麵粉。

✽ 用筷子夾取較容易滑落，因此可直接手拿魷魚身裹粉，接著沾裹麵衣並放入炸油中。

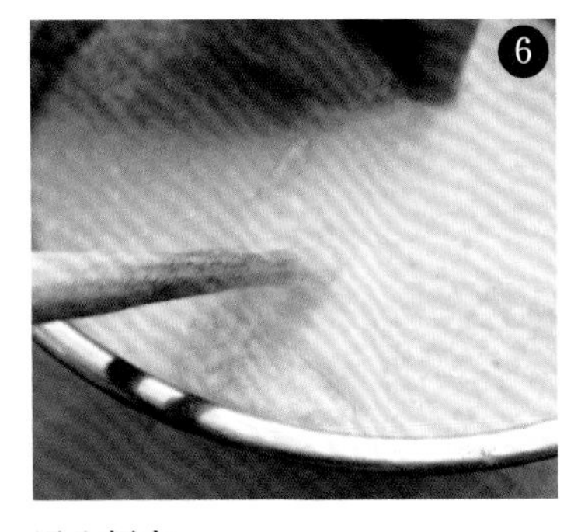

浸入麵衣。

放入加熱至190℃的炸油中。

✽ 無論以哪一面下鍋皆可。因水分較多，下鍋時會產生許多小氣泡，發出尖銳的噴油聲。

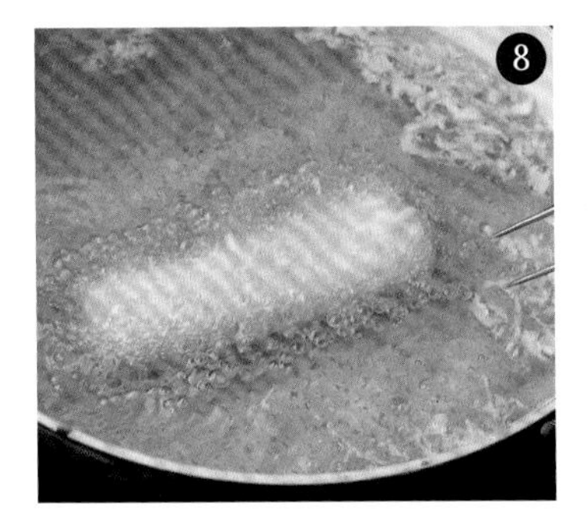

30秒後翻面。

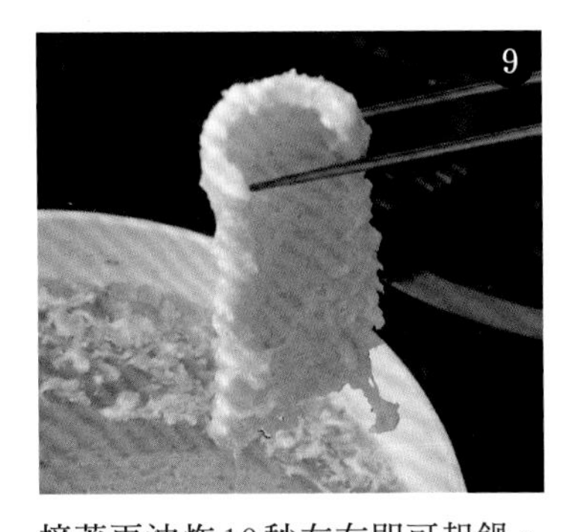

接著再油炸10秒左右即可起鍋。取出後置於餐巾紙上瀝油。炸好的魷魚應為肉質未收縮、狀態蓬軟、中間呈半熟狀態，品嘗起來口感扎實。

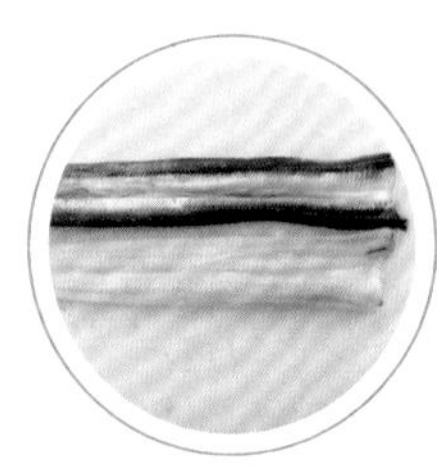

星鰻

江戶前天婦羅的必點料理

季節
晚秋～冬

油溫
下鍋時 200℃ ▼ 維持在 190℃

油炸時間
中

星鰻是象徵江戶前天婦羅的代表性食材之一，日本關東地區都是將開背處理的星鰻肉身整尾下鍋油炸。一般雖然認為星鰻盛產於夏季，但我卻認為油脂變厚的晚秋～冬季之際才是星鰻最美味的時刻。

星鰻的另一特徵在於必須以190℃的高溫油炸。透過多次翻面，慢慢地油炸5分鐘左右，將外皮麵衣炸到酥脆帶香，另一側的肉質品嘗起來則是軟嫩蓬鬆。

材料

星鰻（已切開處理成片狀）
低筋麵粉
麵衣（→P12～15）
炸油
天婦羅醬汁（→P72），或鹽

■廚房紙巾

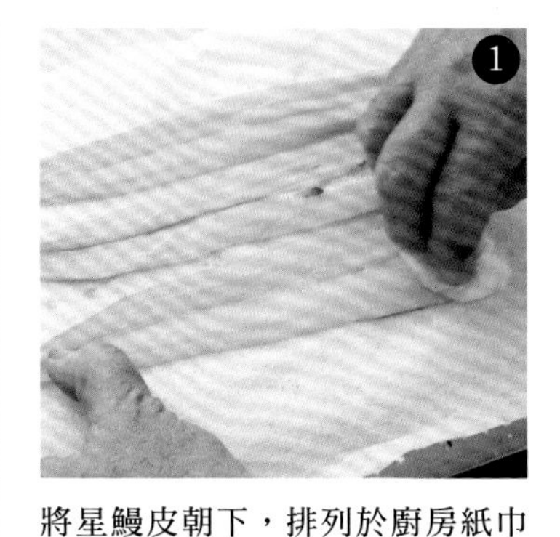

將星鰻皮朝下，排列於廚房紙巾上，並稍微沾濕另一張廚房紙巾，從尾部往頭部方向拭乾水分。

※ 直接水洗反而容易吸收更多水分，因此建議以此方式擦拭。

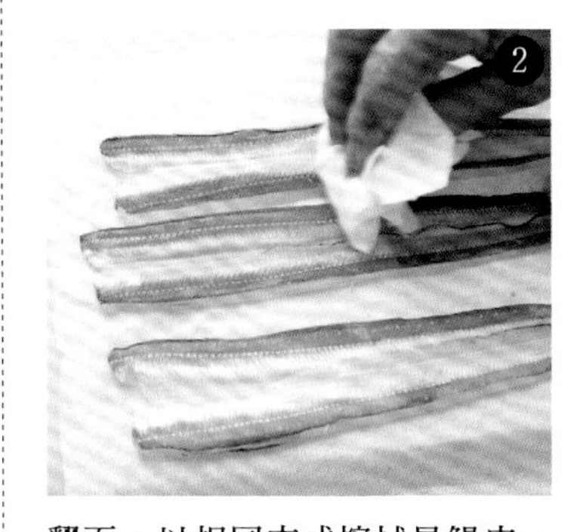

翻面，以相同方式擦拭星鰻皮。將炸油加熱至200℃。

※ 星鰻皮上的黏液要確實拭淨。

撒裹麵粉，以筷子敲落多餘麵粉。

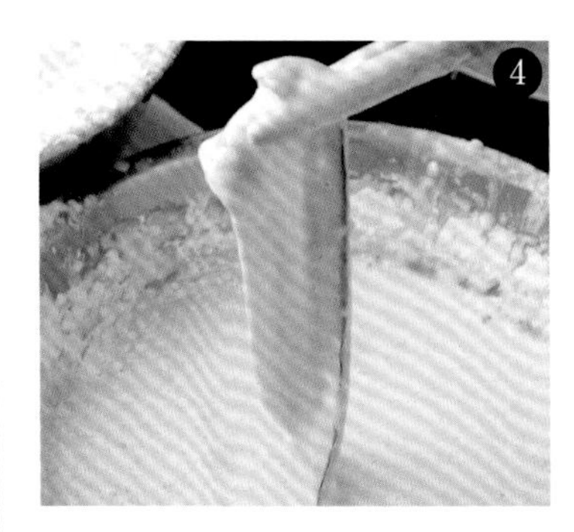

浸入麵衣。

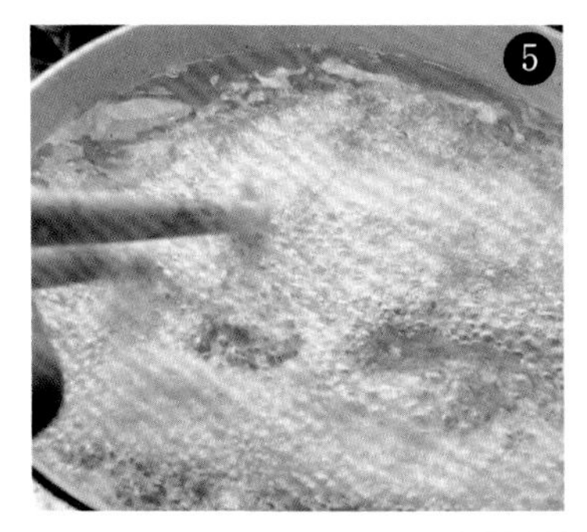

將星鰻皮朝下，攤平放入加熱至200℃的炸油中。油炸加熱星鰻皮15秒左右。

※ 由於油溫相當高，因此星鰻的水分會瞬間噴出，且在油面出現大量細小氣泡。

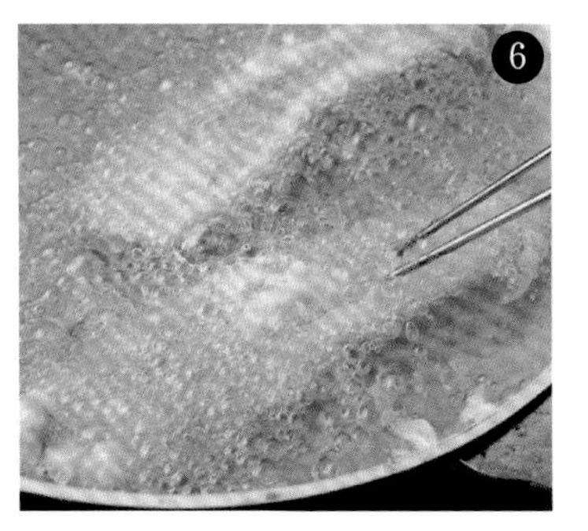

翻面後，將星鰻肉慢慢油炸加熱1分鐘左右。

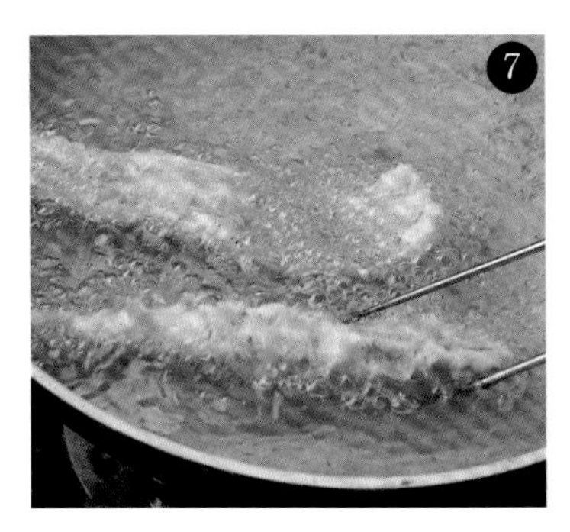

再次翻面，兩面分別再炸1分鐘。

※ 氣泡會逐漸穩定變少，噴油聲也會變低沉。

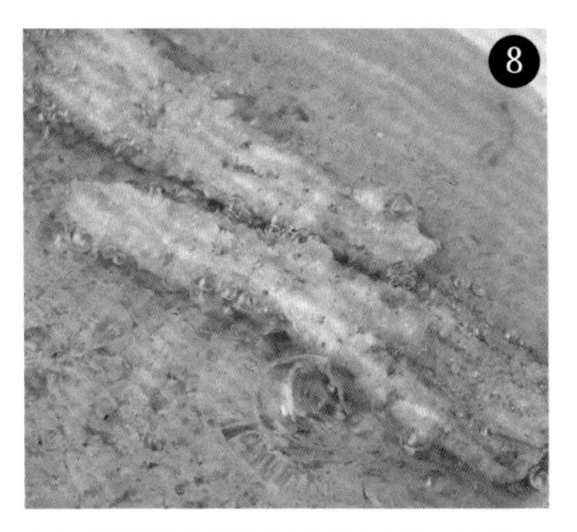

最後星鰻皮朝下，再炸1分半鐘，星鰻皮充分受熱後便可起鍋。取出後置於餐巾紙上瀝油。

※ 麵衣會稍帶色澤且香氣四溢。若星鰻皮因出水發出聲響即表示可以起鍋。

◎目標成果

若放在濾油網上，以筷子輕敲即可輕鬆分成兩塊，就表示炸得相當成功。不僅星鰻皮酥脆爽口，星鰻肉更是蓬鬆軟嫩。

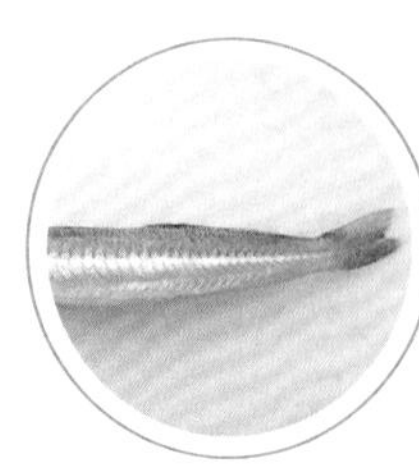

沙鮻

炸出淡淡色澤更顯雅致

季節
夏

油溫
下鍋時
190℃
▼
維持在
175～180℃

油炸時間
短

沙鮻同樣是江戶前天婦羅相當具代表性的食材。處理方式遵循江戶前流派，與星鰻一樣是開背後油炸。若下鍋時將魚皮朝上，頭尾兩側魚肉會往上翹曲，為了維持翹起的形狀，油炸時將不再翻面。炸油會累積在魚皮凹槽處，將魚皮充分加熱，翹起的魚身帶有種活跳跳的視覺效果。高溫油炸有損沙鮻的風味與軟嫩口感，因此須透過不斷關火、開火的方式加熱，在2分鐘之內炸出鬆軟滋味。

材料
沙鮻
低筋麵粉
麵衣（→P12～15）
炸油
天婦羅醬汁（→P72），或鹽

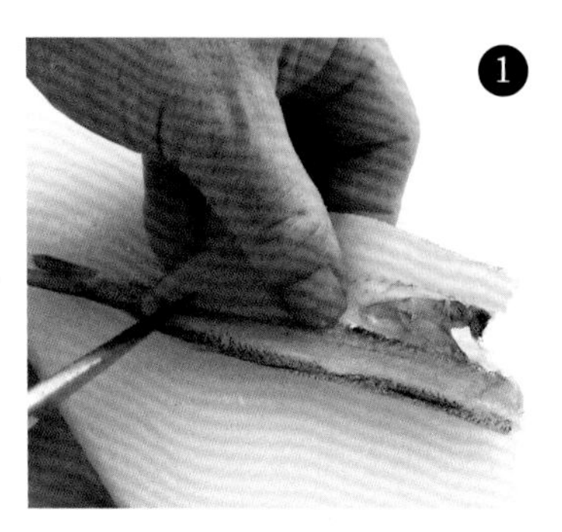

刮除魚鱗，切掉魚頭。從背部下刀，滑過中骨上方，切開魚肉。最後在尾鰭之前的位置垂直下刀至中骨處（分離中骨與尾鰭）。

從切痕處朝尾鰭根部方向深深劃刀，切開成一片平坦的魚肉。魚皮朝上放置，以菜刀滑切入魚肉與中骨間，將中骨切除。

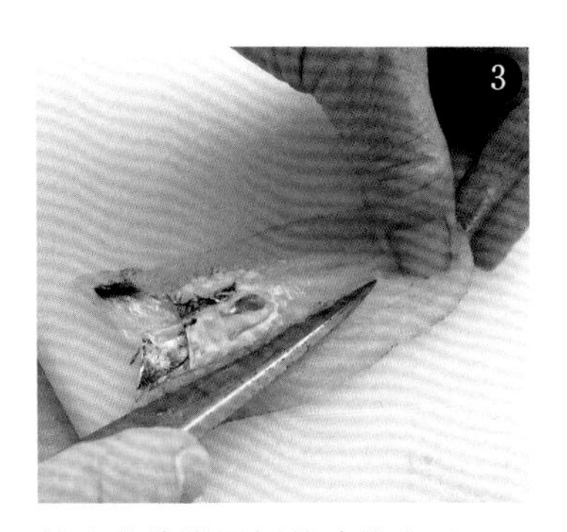

於內臟薄膜單側的邊緣處下刀，切掉腹骨，接著將菜刀平放，刮切掉一半的內臟薄膜與腹骨。另一側也以相同方式處理。

❖ 市面上售有已處理完上述步驟的沙鮻，亦可直接購入使用。

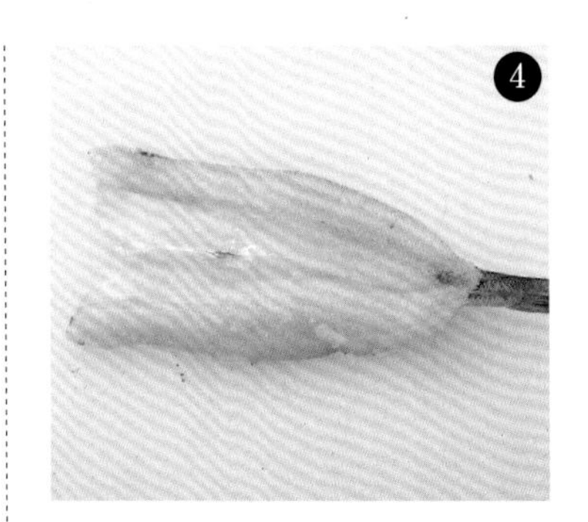

完成前置處理的沙鮻。將炸油加熱至190℃。

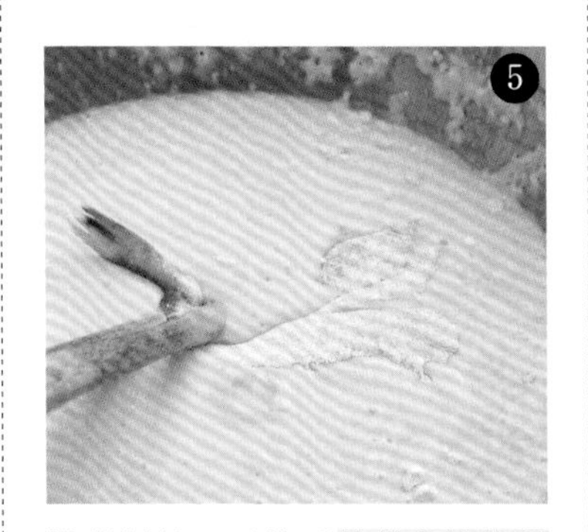

撒裹麵粉，以筷子敲落多餘的麵粉，接著浸入麵衣中。

❖ 握著尾鰭進行沾裹作業，尾鰭處無須沾裹麵粉及麵衣。

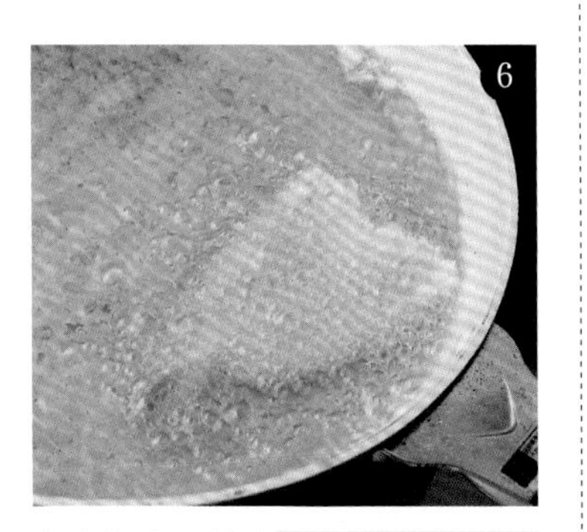

魚皮朝上，放入加熱至190℃的炸油中。油炸約15秒後先關火，避免溫度上升，將沙鮻浸在炸油1分鐘左右。

❖ 魚皮上也會覆蓋炸油，因此無須翻面即可油炸雙面。

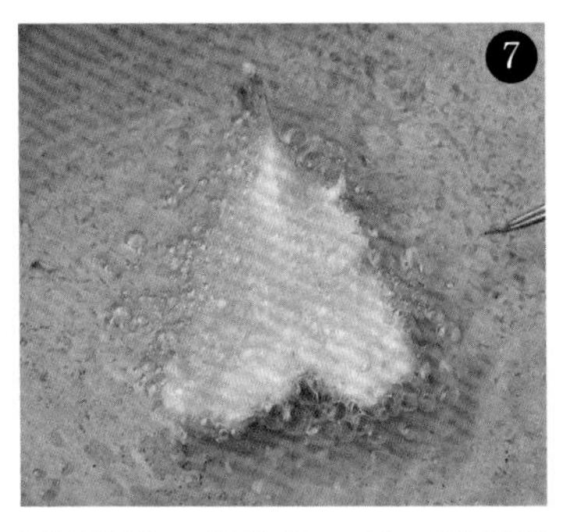

再次開火，油炸約30秒，接著關火靜置10秒，最後再轉大火，油炸10秒左右。

❖ 加熱過程中沙鮻會慢慢地翹曲浮起，氣泡量也會逐漸減少。

油炸時間總計不超過2分鐘，取出後置於餐巾紙上瀝油。

◎目標成果

酥脆的麵衣輕柔包覆著翹曲的軟嫩魚肉。麵衣稍微帶點油炸過的色澤更是完美。

扇貝

香甜軟嫩的半熟口感

季節
冬

油溫
下鍋時
190℃
▼
維持在
180℃

油炸時間
短

品嘗扇貝天婦羅的樂趣在於半熟狀態下的甜味，以及黏稠的軟嫩口感。想要擁有這些風味就必須使用生食等級的扇貝。將厚度十足的大顆貝柱整顆下鍋，頻繁翻面迅速油炸，讓中間保留半生狀態，如此一來扇貝雖有經過加熱，卻又帶有刺身的鮮味。大顆扇貝的鮮味較濃郁，因此各位務必砸下重金，選用較大顆的扇貝。推薦搭配山葵與鹽品嘗，山葵的辣味能鎖住濃郁的甜味，並同時突顯出鮮味。

材料

扇貝貝柱（帶殼，生食用）
低筋麵粉
麵衣（→P12～15）
炸油
山葵
鹽或天婦羅醬汁（→P72）

■扇貝用開殼杓（前端呈圓形的扁平金屬製刮杓。亦可改用奶油抹刀）

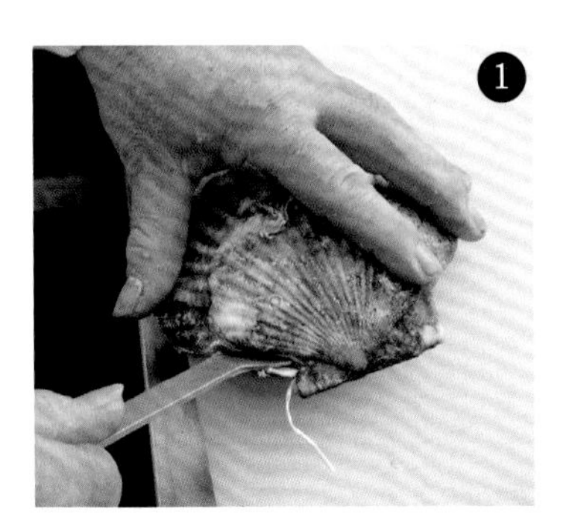

將扇貝較平坦的殼面朝下，接著把開殼杓插入兩片殼的縫隙間。沿著上殼深深插入，左右移動開殼杓，從殼上將貝柱刮下。

剝開上殼，接著將開殼杓插入貝柱下方，將貝柱刮下。

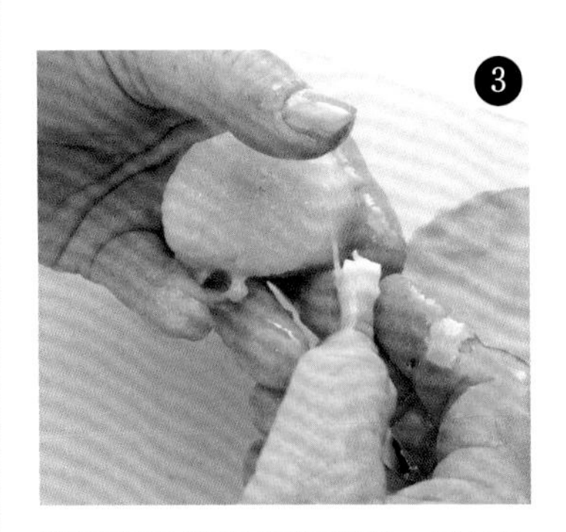

將裙邊及腸泥剝除乾淨。另外也須剝除貝柱邊緣的乳白色小硬塊（日文稱之為「星」）及薄膜。

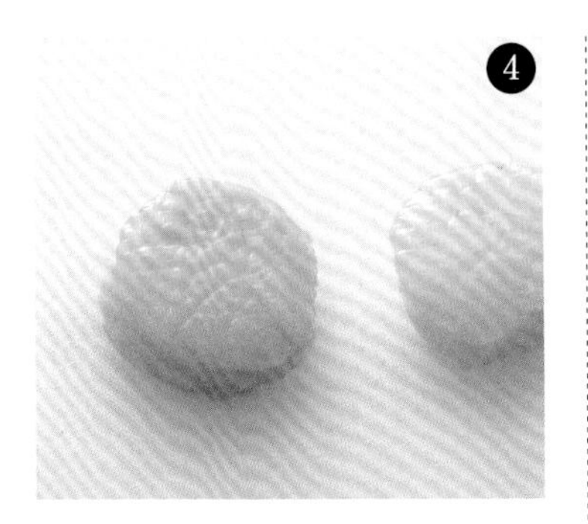

完成前置處理的扇貝貝柱。將炸油加熱至190℃。

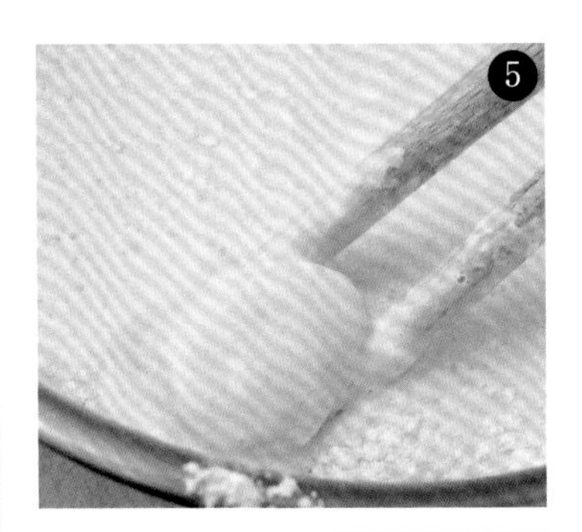

撒裹麵粉，以筷子敲落多餘的麵粉，接著浸入麵衣中。

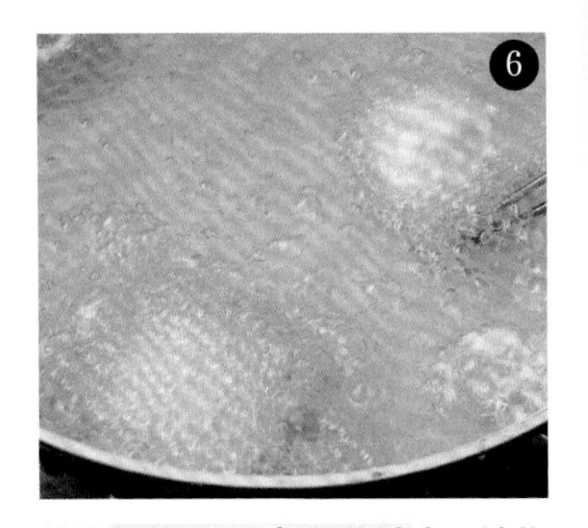

放入加熱至190℃的炸油中，油炸約30秒。

✽ 用筷子夾取容易滑落，因此入油鍋時，須放在筷子上並以另一手扶住貝柱。下鍋後會瞬間產生大量小氣泡。

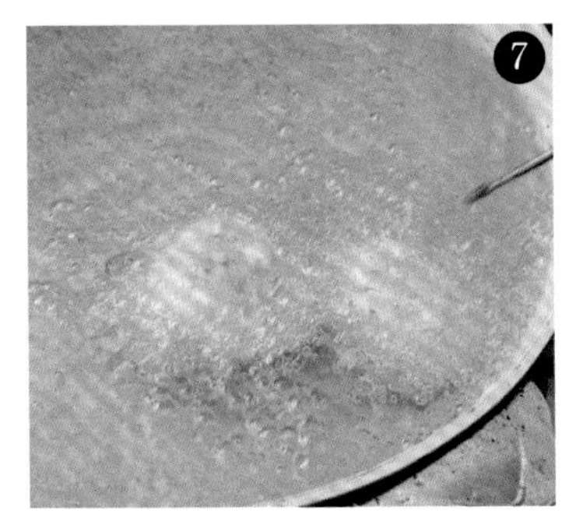

翻面，並以每30秒翻面一次的頻率油炸，過程中翻面2～3次。

✽ 氣泡會逐漸減少，噴油聲也會變得較小。

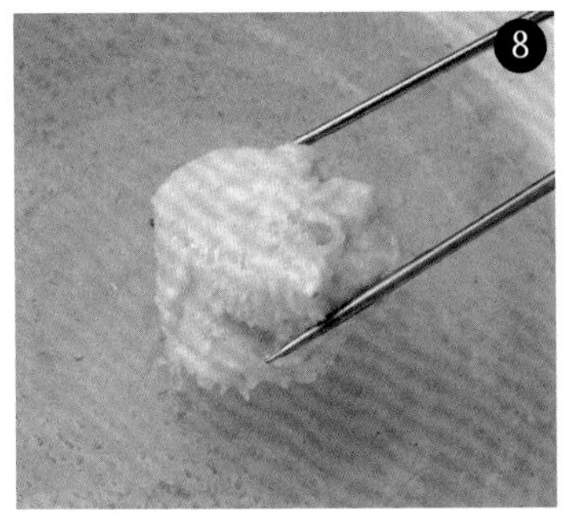

油炸時間不超過2分鐘，取出後置於餐巾紙上瀝油。

◎目標成果

油炸時間較短，麵衣帶淡淡的顏色即可。切開後，切面一半以上呈半生狀態，保有肥嫩感。感覺既像刺身，卻又帶有溫熱口感，這可是天婦羅才有辦法品嘗到的鮮甜滋味。

牡蠣

炸過才能品嘗的新鮮滋味

季節
冬

油溫
下鍋時
180℃
▼
維持在
170℃

油炸時間
短

若要將牡蠣做成天婦羅，建議大手筆選用生食等級的帶殼牡蠣。市面常見的去殼牡蠣富含水分，即便再怎麼擦拭表面的水分，一下鍋就會嚴重噴油。因此建議自行去殼，或在購買時請店家協助去殼。

高溫油炸容易使牡蠣肉身破裂，因此油溫須設定為以海鮮天婦羅來說較低的170℃，油炸2分鐘左右即可。加熱後雖然口感溫熱，卻又保留了生牡蠣「海中牛奶」的風味及肥嫩質感，展現出只有天婦羅才能呈現出的美味。

材料

牡蠣*（帶殼，生食用）
低筋麵粉
麵衣（→P12～15）
炸油
天婦羅醬汁（→P72），或鹽
酸橘汁

■ 開殼器
（亦可使用金屬製奶油抹刀）
■ 廚房紙巾

＊ 使用肉質不易收縮的大顆牡蠣。

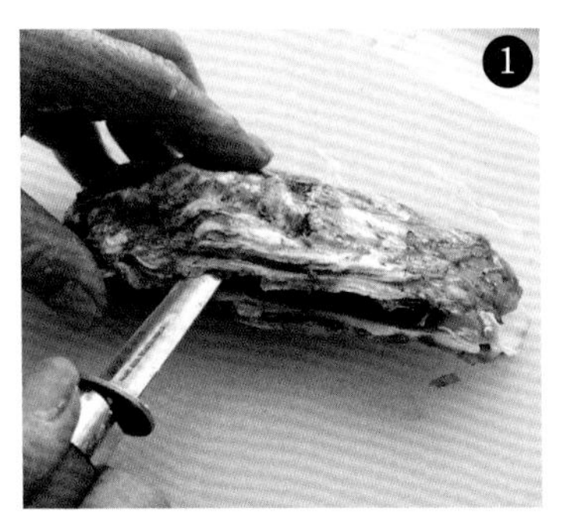

將隆起的牡蠣殼面朝下擺放於砧板上，韌帶處靠近自己。將開殼器用力插入右側正中央的殼縫處，前後移動開殼器，將貝柱從上殼刮下。

※ 牡蠣擺放方式如圖片時，貝柱的位置會在中間偏右。

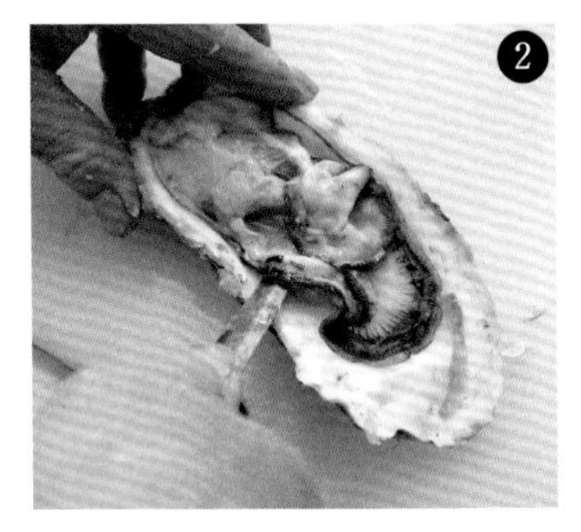

用力將上殼撬開。將開殼器插入牡蠣肉下方，以撈取方式將貝柱從貝殼上刮下。

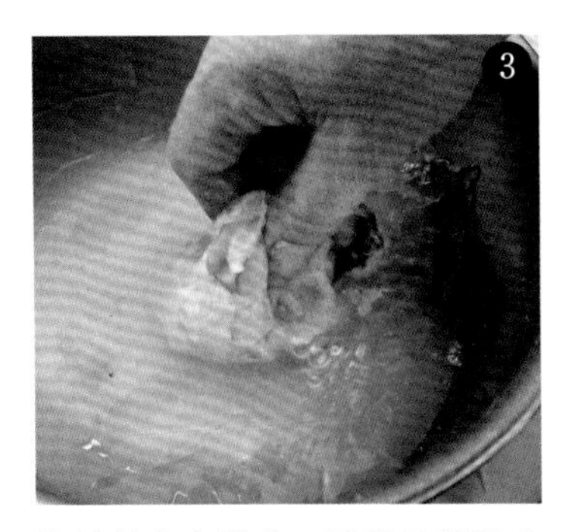

於料理盆中備水，澆淋牡蠣洗去髒污後，再將牡蠣浸入水中甩動洗淨。

※ 無須以鹽或白蘿蔔泥搓洗，亦可僅用自來水清洗。

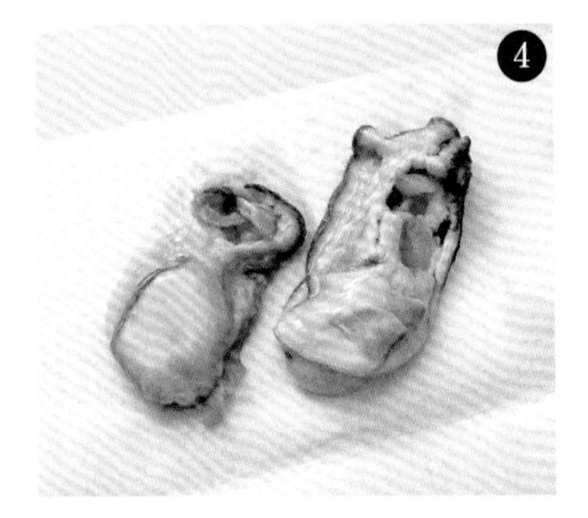

用廚房紙巾上下蓋住牡蠣拭乾水分，靜置4～5分鐘吸乾表面的水分，完成前置處理。將炸油加熱至180℃。

※ 吸乾牡蠣表面的水分才能將麵衣內側炸到酥脆，避免濕潤軟爛。

撒裹麵粉，以筷子敲落多餘麵粉。

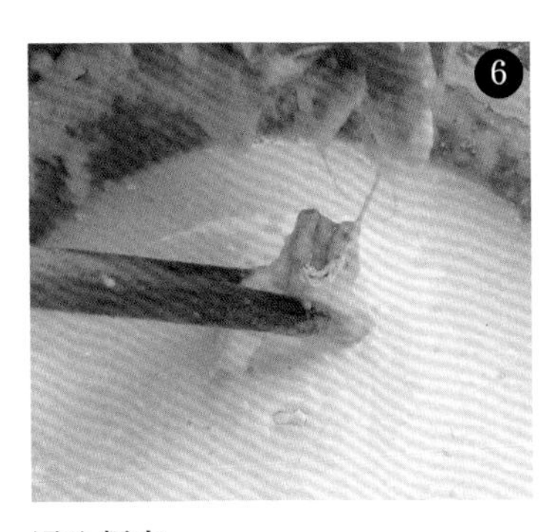

浸入麵衣。

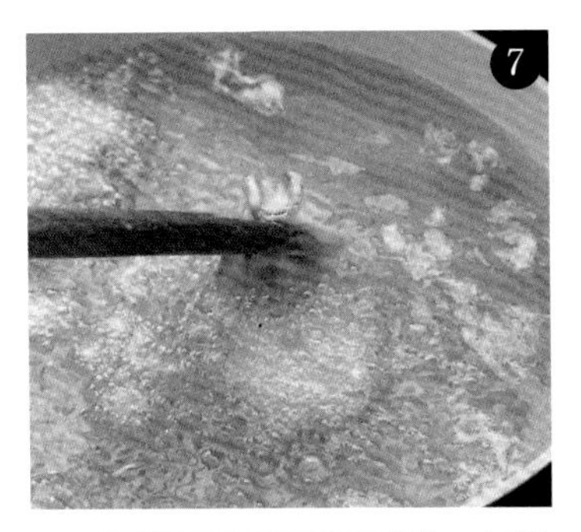

放入加熱至180℃的炸油中，慢慢油炸近1分鐘。

※ 雖然會出現細小氣泡，但不會發出尖銳的噴油聲。

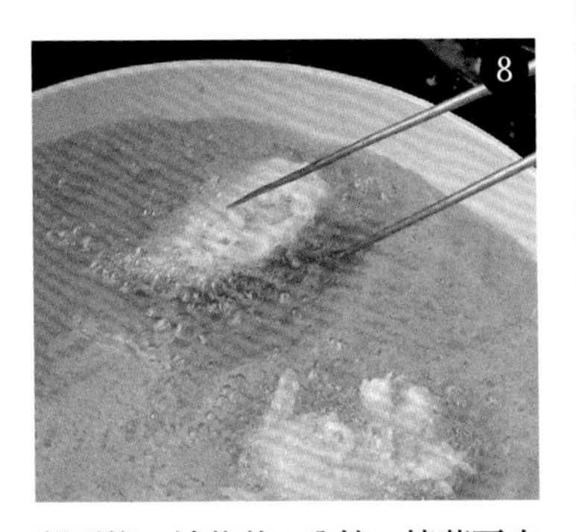

翻面後，油炸約1分鐘，接著再次翻面，並稍微加大火候。

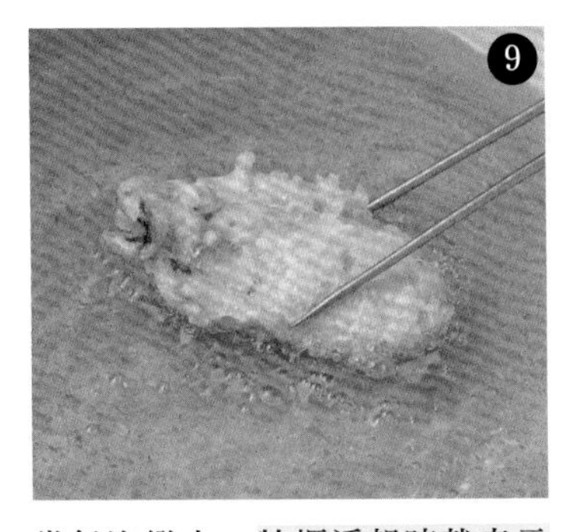

當氣泡變大，牡蠣浮起時就表示可以起鍋。取出後置於餐巾紙上瀝油。成功的牡蠣天婦羅須充滿牛奶鮮味及肥嫩質感。

※ 淋點鮮榨酸橘汁搭配享用，增添清爽風味。

本書使用的天婦羅主要用具

此頁彙整了在家做天婦羅的必備用具，以及非必要，但能使作業更加方便的用具。大部分都是廚房常見之物。敬請充分運用各種用具，讓炸出來的天婦羅更完美。

平底鍋

市面上雖然也有天婦羅專用鍋，但建議各位使用每戶家中都有，方便好用的平底鍋即可。平底鍋的炸油深度均勻，不會使天婦羅的顏色不均，同時只須使用少量炸油。直徑26～28㎝的平底鍋最為適中，左圖為陶瓷加工品，基本上只要厚度足夠，任何材質的平底鍋皆可使用。

攪拌筷、油炸筷、料理筷

天婦羅製作過程中會使用兩種不同的筷子，裹粉、沾麵衣到放入炸油的過程使用木製攪拌筷（亦稱攪拌棒。圖右）；放入炸油後、翻面及取出的過程則使用圖片裡的不鏽鋼製油炸筷（圖中）。但若在家中料理時，使用一般的料理筷（圖左）即可。

攪拌筷手握處的直徑約1.4㎝，是一般料理筷的2倍粗。由於粗度足夠，無須過度施力便能夾取食材。正因為無須用力夾取，能避免食材受損，如此一來也就不會有麵衣滲入食材，或是食材變形的情況發生。

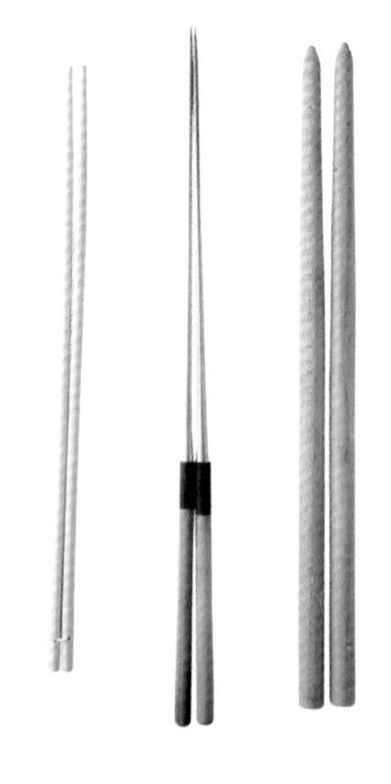

湯杓、漏杓

湯杓（圖右）可用於製作麵衣過程中，將麵粉放入蛋汁的時候。另一支漏杓（左）則是在製作什錦天婦羅時，非常適合用來將食材放入炸油中。除了食材不易散開外，多餘的麵衣也能從濾孔流出，讓麵衣薄厚適中。建議選擇使用上最為順手、直徑約7.5㎝的漏杓。

打蛋器

製作麵衣時混合材料用。使用料理筷攪拌混合材料須花費的時間太長，導致還沒攪拌均勻就產生麵筋，讓麵衣變得又黏又重。使用打蛋器不僅能迅速攪拌均勻，也不會過度攪拌，還能讓麵衣狀態輕柔。

濾油器

烹調時可以放置天婦羅屑，烹調後則可濾掉炸油。

瀝油盤

附網的料理盤，用來暫時放置剛起鍋的天婦羅。於網上鋪放廚房紙巾，再放上天婦羅，即可瀝掉多餘油分。

網杓

油炸過程中，用來撈起散在炸油中的天婦羅屑。若未將天婦羅屑撈起，這些碎屑將容易附著於食材，或導致炸油變質，因此須不斷撈除。

第三章

什錦天婦羅

將食材集中後下鍋
油炸而成的天婦羅，
送入口中隨之擴散的
壓倒性鮮味，
更是其他天婦羅
所品嘗不到的絕美滋味。
不侷限於單一種類的
蔬菜或海鮮，
將多種食材做不同組合，
展現天婦羅的多變風貌。

什錦天婦羅的做法是將體積較小或較細的食材集中下鍋油炸，常見用料除了小蝦仁、胡蘿蔔、洋蔥、牛蒡之外，本店也常使用小貝柱、玉米及蠶豆等食材。

什錦天婦羅的困難之處，在於食材油炸時容易散開，此時的訣竅就是用漏杓將食材撈起，並慢慢地放入炸油表面。多餘的麵衣不僅能從漏杓的濾孔流出，避免麵衣過厚，一匙漏杓做出的天婦羅更是大小適中，可說相當方便。製作玉米及蠶豆天婦羅時，則可先關火再將食材放入，較不容易散開。

此外，若要避免麵衣過厚，麵衣濃度亦是關鍵。此時須將正常稠度的麵衣添加蛋汁稀釋。各位或許會擔心「難道不會更容易散開？」但其實薄麵衣也能讓食材聚集相連，因此沒有容易散開的疑慮。

什錦天婦羅　料理三訣竅

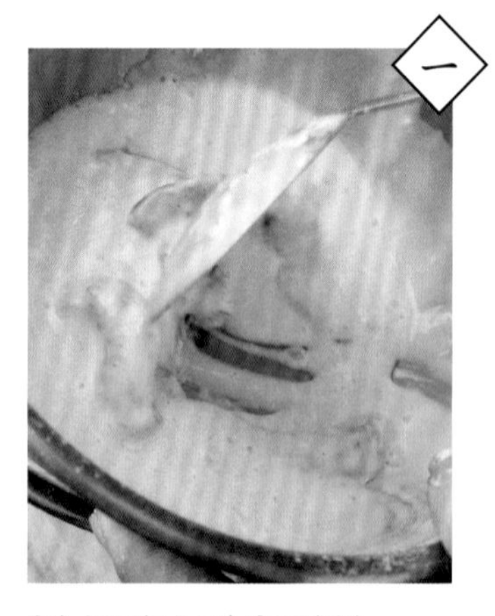

一

麵衣要比平常更稀

用形狀不一的材料製作什錦天婦羅時，麵衣包覆的面積範圍較大，容易讓風味及口感變重，因此必須將麵衣調得更稀。1杯正常濃度的麵衣再添加3大匙蛋汁便能調成最適合的稠度。這樣的麵衣就像包覆於食材表面的薄膜，或許會有人懷疑「真的需要調得這麼稀嗎？」但麵衣調稀的步驟可說是發揮什錦天婦羅食材風味的關鍵。

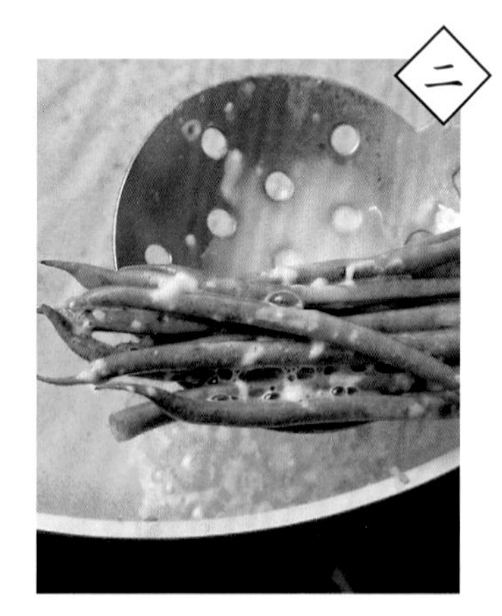

二

漏杓很方便！

炸什錦天婦羅時，最重要的是讓麵衣盡可能地薄薄包覆所有食材。說到什錦天婦羅的話，或許會有人覺得「就像在吃炸麵衣」，但真正美味的什錦天婦羅可不會讓你有這種感覺。為了滴落多餘麵衣，讓天婦羅的麵衣較薄，撈放至油鍋時使用漏杓最方便。下鍋時亦能維持撈取的形狀，讓天婦羅成品漂亮自然，看起來更是美味。

三

盡量別碰食材！

雖然曾聽聞「什錦天婦羅的訣竅在於用筷子插洞，讓炸油能流入」的說法，但我可無法認同。真正的訣竅是盡量別碰食材，讓天婦羅自然地在鍋中加熱。由於麵衣很稀，炸油能輕易滲入食材中，就連翻面時，也只須用筷尖掀撈食材即可。起鍋時則是輕輕地夾起。每個成品呈現得不盡相同即為什錦天婦羅的絕妙之處，就讓食材展現自然的形狀即可。

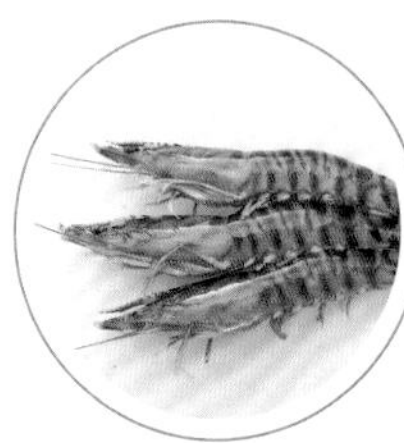

華麗的紅色之美

炸蝦什錦天婦羅

季節
夏

油溫
下鍋時
190℃
▼
維持在
180℃

油炸時間
短

炸蝦什錦天婦羅是將6～8隻小蝦集中下鍋油炸。書中使用才卷蝦（小明蝦）做為示範，但只要是帶殼且大小不超過10cm，使用什麼種類的蝦都沒問題。用小蝦做成什錦天婦羅的份量感一點都不輸給整隻的大蝦，鮮味還會在口中擴散開來。

將食材分成兩份，分批下鍋重疊油炸。這樣的什錦天婦羅形狀美、厚度足，亦能充分加熱中間的食材。調稀麵衣濃度後，更能帶出蝦子香氣，天婦羅透出鮮豔的紅色，無比美麗。

材料

小蝦（才卷蝦等）
低筋麵粉
麵衣
（→P12～15，稍微調稀）
炸油
天婦羅醬汁
（→P72），或鹽

使用帶殼蝦時，先將頭胸部扭下，順勢拉出整條腸泥，並剝除所有蝦殼。

※ 尾肢的蝦殼不易剝除，可以按捏末端，將裡頭的蝦肉擠出。

完成前置處理的蝦子。每塊什錦天婦羅使用6～8隻蝦。將炸油加熱至190℃。

將數隻蝦子放入料理盆中，並撒裹麵粉。

※ 以漏杓撈翻，將每隻蝦子均勻地裹粉，注意麵粉量不可過多，只須薄薄覆蓋蝦子即可。

將大量麵衣倒入❸的料理盆，並以漏杓輕輕混合。

※ 務必讓每隻蝦隻確實沾裹麵衣。

以漏杓撈取3～4隻蝦子，放入加熱至190℃的炸油中。

※ 為了能去掉多餘的麵衣，須使用麵衣能從濾孔自然流出的漏杓。輕輕地將食材放入油鍋中，才能讓天婦羅塑形漏杓的圓弧形。下鍋時會出現細小氣泡，蝦子也會因重量沉入鍋中。

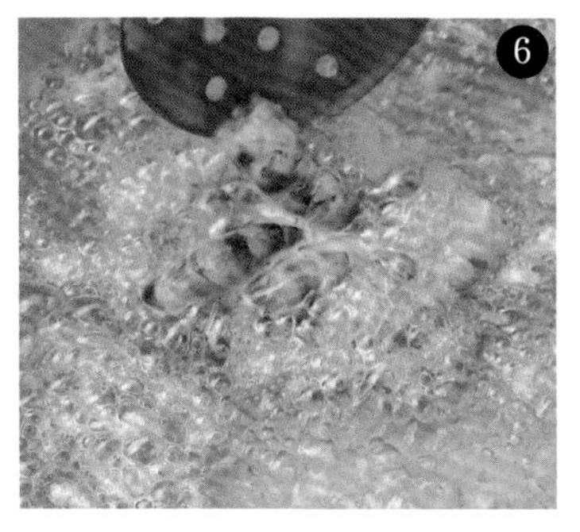

接著再以漏杓撈取3～4隻蝦子，疊放在❺的蝦子上。

※ 趁第一次放入的蝦子仍沉在鍋中時疊放。

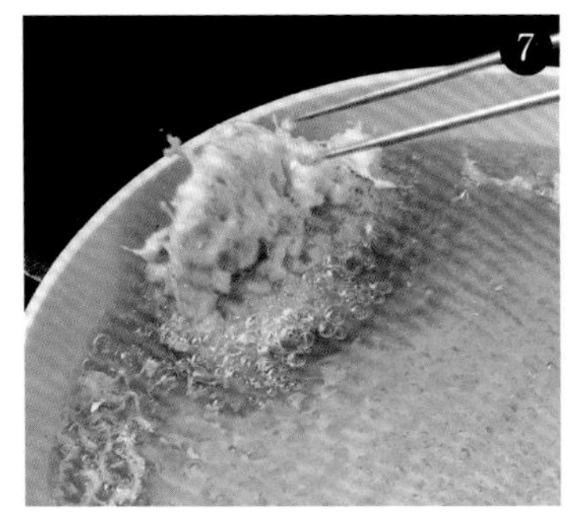

油炸30秒後翻面。

※ 要先炸到定型，以防翻面時散開。用筷子刺差或用力夾取容易傷到食材，因此務必用掀撈的方式將天婦羅翻面。

再翻面2次左右，油炸2分鐘。

※ 炸蝦什錦天婦羅較厚，油炸時可將平底鍋稍微傾斜，增加炸油深度，讓食材能整個浸在炸油中，提高烹調效率。

當氣泡減少且漸趨穩定時即可起鍋。取出後置於餐巾紙上瀝油。成功的炸蝦什錦天婦羅能透出蝦子的鮮豔紅色，成品形狀則相當立體扎實。

櫻花蝦什錦天婦羅

櫻花蝦與甜蔥味漫溢

季節
春、秋

油溫
下鍋時
190℃
▼
維持在
180℃

油炸時間
短

近幾年除了原產地靜岡縣之外，也能在其他地區看見新鮮櫻花蝦，就以櫻花蝦為主食材做成什錦天婦羅。新鮮櫻花蝦比乾貨櫻花蝦更軟，彈牙口感更是鮮貨才有的美味。混入大蔥能增加甜味，讓口感更為柔和。

由於櫻花蝦體積小，會讓人想要沾裹大量麵衣，避免下鍋時散開，但這樣卻也會讓天婦羅變得厚重無比。只要使用漏杓滴落多餘麵衣，慢慢地放入炸油中，天婦羅就不會散開。

材料
櫻花蝦（生）*
大蔥*
低筋麵粉
麵衣（→P12～15，稍微調稀）
炸油
天婦羅醬汁（→P72），或鹽

■ 廚房紙巾

*每50g櫻花蝦搭配1根大蔥（白色部分）為最佳比例，可做成2塊天婦羅。

將櫻花蝦放入料理盆中迅速水洗。放至濾網瀝乾水分，上下舖放廚房紙巾，確實擦拭水分。於料理盆中放入數塊天婦羅的櫻花蝦量。

將數塊天婦羅所須的大蔥切成8㎜寬，與櫻花蝦混合。將炸油加熱至190℃。

※ 大蔥若切得太細，香氣會被櫻花蝦蓋過，因此要切得稍寬一些。

撒裹麵粉。

※ 以在料理盆中拌和的方式，將每隻櫻花蝦及每片大蔥均勻地撒裹麵粉。注意麵粉不可過量。

將大量的麵衣倒入❸的料理盆，並以漏杓拌撈混合。

※ 倒入麵衣後，要抓好拌撈的節奏，避免麵衣產生黏性。務必讓食材充分沾裹麵衣。

取1匙漏杓的食材，慢慢地放入加熱至190℃的炸油中。

※ 多餘的麵衣會從漏杓濾孔自然流出。只要是輕輕地將食材放入油中，就不會出現散開的情況。

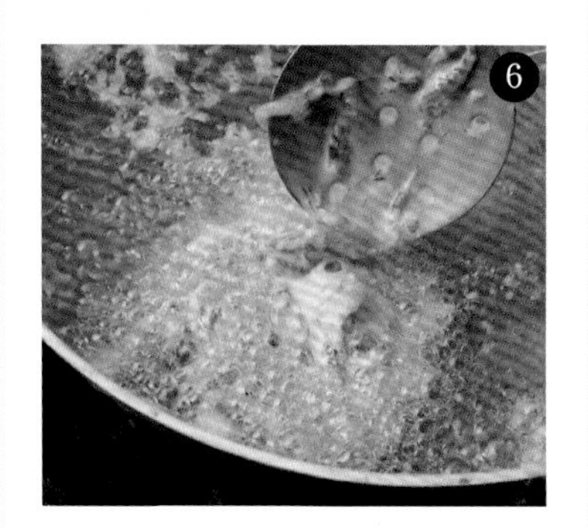

接著將第二匙食材疊放在❺的櫻花蝦上。

※ 第二匙的食材量必須少於第一匙，才能讓天婦羅厚度適中。食材會被細小氣泡包覆，要持續加熱後就會浮現櫻花蝦的形狀。

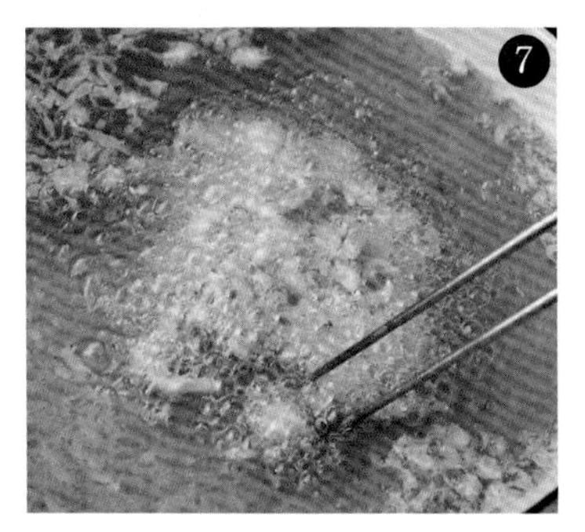

火候轉小，油炸30秒後翻面。

※ 用筷子夾取翻面會使食材散開，因此務必從下方撤撈天婦羅。

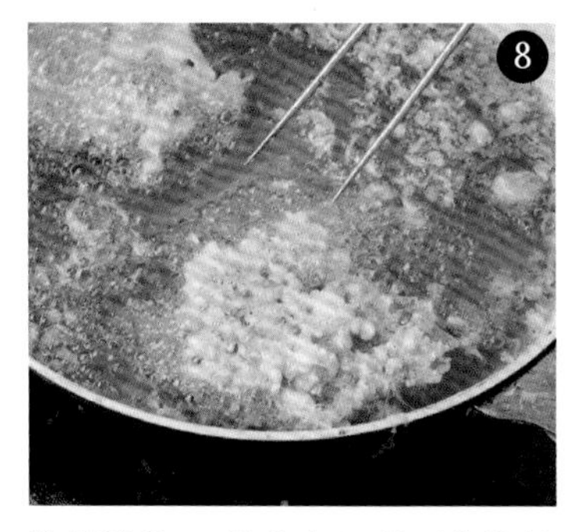

接著油炸30秒左右，翻面後持續油炸1分鐘便可起鍋。天婦羅會整塊浮上油面，飄出櫻花蝦的香氣時即可取出並置於餐巾紙上瀝油。

◎目標成果

表面酥脆帶香氣，裡面則保留適量水分，品嘗起來口感扎實軟嫩。切口處更會飄出甜甜的氣味。

胡蘿蔔什錦天婦羅

甜味明顯的代表性冬季天婦羅

季節
冬

油溫
下鍋時 185℃ ▼ 維持在 175℃

油炸時間
短

製作胡蘿蔔什錦天婦羅時，須先將胡蘿蔔切成5㎜厚的長片狀，如此一來不僅帶有嚼勁，更能突顯香氣與鮮味，成為具備強烈胡蘿蔔風格的天婦羅。98頁介紹的胡蘿蔔絲天婦羅油炸時間較短，因此只能使用胡蘿蔔外圍較柔軟的部分，但胡蘿蔔什錦天婦羅所使用的食材較厚，油炸時間相對較長，能將中間偏硬的部分炸到又軟又美味。為了讓天婦羅看起來更有厚度，須將食材分批下鍋疊為雙層，塑形成漂亮的天婦羅。

材料

胡蘿蔔

低筋麵粉

麵衣

（→P12～15，稍微調稀）

炸油

天婦羅醬汁

（→P72），或鹽

將胡蘿蔔薄切，成為長6cm，厚5mm的片狀。

✽ 為了發揮胡蘿蔔皮內側的鮮味，製作時無須削皮。

接著將靠近皮面的部份與內側部分分別切成1cm及7mm～1cm寬的長塊狀。上述為一塊天婦羅的使用份量。將炸油加熱至185℃。

將可以製成數塊天婦羅的胡蘿蔔份量放入料理盆，並撒裹麵粉。

✽ 胡蘿蔔必須均勻沾上麵粉。

將大量麵衣倒入❸的料理盆，並以漏杓拌撈，使胡蘿蔔沾裹麵衣。

✽ 將麵衣的濃稠度調整成就像是一層薄膜包覆著胡蘿蔔的程度。這樣濃度的麵衣經油炸後，嘗起來的口感會相當輕脆。

撈取1匙漏杓的胡蘿蔔，放入加熱至185℃的炸油中。

✽ 若將食材靠在平底鍋側邊，慢慢地放入炸油中，食材就不會散開，並定型成漂亮的形狀。

接著撈取第二匙份量較少的胡蘿蔔，疊放在❺的天婦羅上。

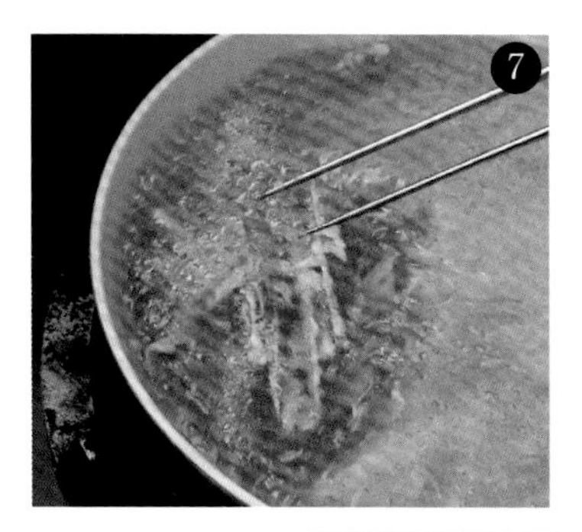

油炸約1分鐘，趁上方的麵衣尚未完全定型時翻面。

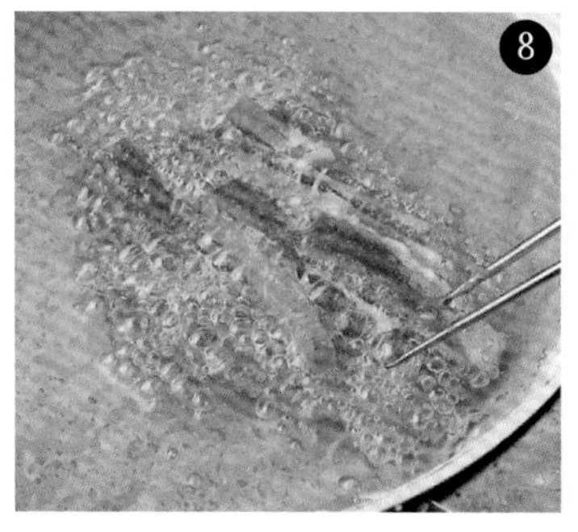

接著再翻面3～4次，共再炸約2分鐘。

✽ 須稍微拉長第一層朝下的油炸時間。過程中氣泡會愈來愈大且數量變少。

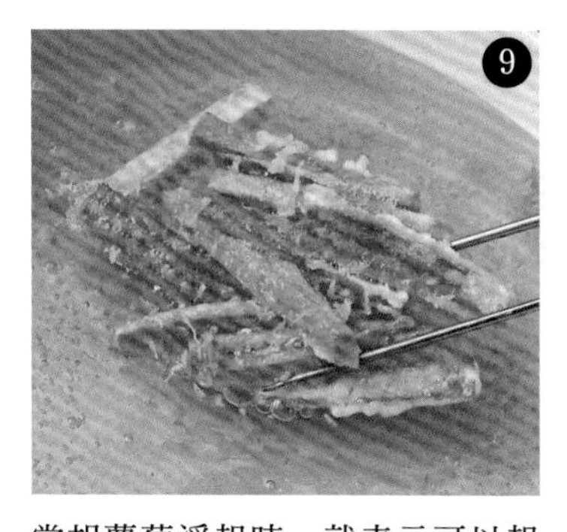

當胡蘿蔔浮起時，就表示可以起鍋。取出並置於餐巾紙上瀝油。成功的胡蘿蔔什錦天婦羅必須是能充分展現胡蘿蔔的甜味與鮮味，且份量十足的形狀。

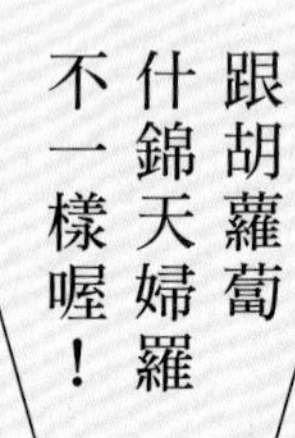

天婦羅近藤獨創「胡蘿蔔絲天婦羅」

季節
冬

油溫
下鍋時
185℃
▼
維持在
175℃

油炸時間
短

將胡蘿蔔切成細絲，舖滿油面迅速油炸，再用筷子聚攏胡蘿蔔絲、疊出高度，製成蓬鬆的「胡蘿蔔絲天婦羅」。每根胡蘿蔔細絲皆充分油炸，去除水分後凝結的甜味在口中擴散，更是品嘗的一大樂趣。口感輕盈酥脆，有著入口即化的感覺。

切得愈細，愈能嘗到甜味，本店會將胡蘿蔔切成約1㎜的細絲，但在家中料理時稍微增加粗度無妨。油炸時的訣竅在於要趁麵衣還沒變硬定型時，迅速地將胡蘿蔔絲聚集靠攏。

材料

胡蘿蔔
低筋麵粉
麵衣
（→P12～15，稍微調稀）
炸油
鹽

將胡蘿蔔切成6cm長的塊狀，去皮後再削成1.5～2㎜的長薄片，約繞削3圈。剩餘的蘿蔔可用來製作什錦天婦羅（→P96）。

✽ 外皮與中芯部分較硬，可做為其他料理使用。胡蘿蔔絲天婦羅須使用靠近外皮，質地柔軟且甜味較強的偏外側部份。

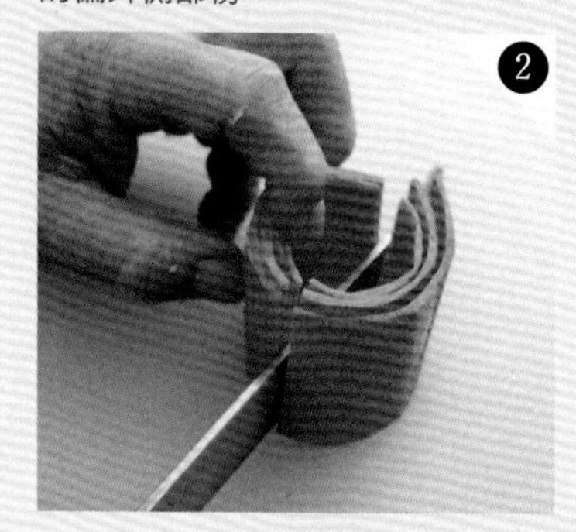

將3圈份的胡蘿蔔長片捲成圓，對半縱切，接著再將胡蘿蔔薄片切成1.5～2㎜的細絲，這樣的胡蘿蔔絲量可炸一塊天婦羅。

✽ 薄削胡蘿蔔需要相當的技術，因此亦可改成切薄片後再切成細絲的做法。

完成前置處理的胡蘿蔔。將炸油加熱至185℃。

將一塊天婦羅所需份量的胡蘿蔔絲放入料理盆中，並撒裹麵粉。

✽ 用手抓鬆胡蘿蔔，讓每根胡蘿蔔絲均勻地沾裹麵粉，油炸時，一次只炸一塊胡蘿蔔絲天婦羅。

於另一個料理盆中倒入麵衣，接著放入❹的胡蘿蔔，並以漏杓拌撈，讓胡蘿蔔沾裹麵衣。

✽ 將胡蘿蔔撈起時，麵衣會薄到幾乎看不出顏色。

用漏杓撈一大匙胡蘿蔔，慢慢地放入加熱至185℃的炸油中。

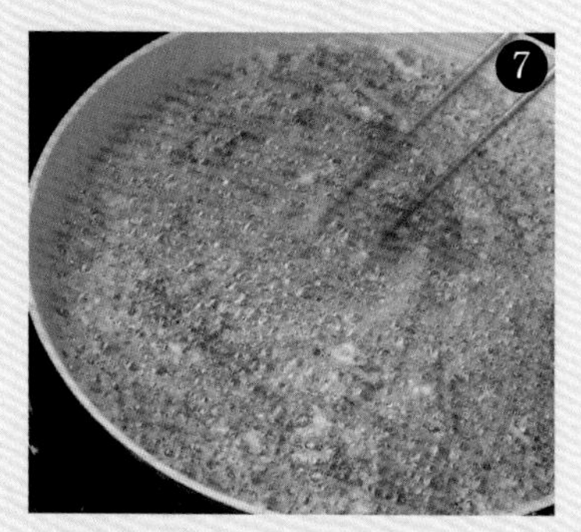

將火候稍微轉小，靜待片刻後，以筷子迅速地將胡蘿蔔絲於平底鍋中撥散開來。

✽ 此時會出現尖銳油炸聲，並於整個油面產生細小氣泡。

用筷子輕輕撥動，油炸約1分鐘。趁麵衣尚未完全定型時，以筷子將胡蘿蔔絲集中於一處。

✽ 這1分鐘的過程中，氣泡會變穩定且逐漸減少。將尚未定型的麵衣集中，胡蘿蔔絲會加熱轉熟。

將胡蘿蔔絲塑成立體形狀並以筷子撈起，置於餐巾紙上。用指尖稍微輕壓塑形。

✽ 胡蘿蔔絲天婦羅浸入醬汁就會立刻塌陷，因此剝成一口大小，撒鹽品嘗將更加美味。

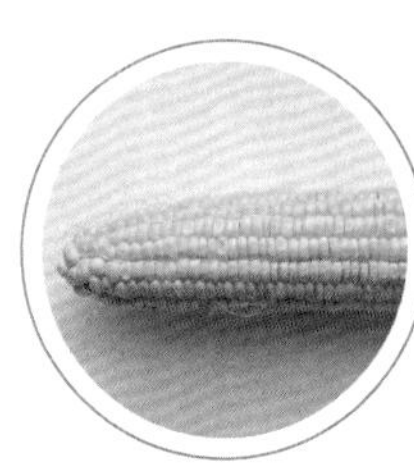

香甜又多汁

玉米什錦天婦羅

季節
夏

油溫
下鍋時
180℃
▼
維持在
170℃

油炸時間
中

玉米經油炸後甜味會瞬間增加，且變得美味多汁。由於玉米顆粒小、不易夾取，油炸時容易散開，但只要以漏杓撈取慢慢下鍋，就能集中炸成圓形。若有部分玉米粒散開時，只須將其靠回天婦羅上並滴入數滴麵衣，便能重新黏回、漂亮塑形。

然而，只要油溫稍微高出一些，玉米粒就會很快地散開來，因此食材下鍋時先關火能減少失敗機率。高溫更可能造成顆粒破裂，因此須特別注意。

材料

玉米*
低筋麵粉
麵衣
(→P12～15，稍微調稀)
炸油
天婦羅醬汁（→P72），或鹽

*圖中使用名為Gold Rush的品種。顆粒大，相當適合做成天婦羅。

切掉玉米頭尾，均切成兩等分。將菜刀深切入玉米的縱向溝槽處，接著以削薄片的方式削下玉米粒。將玉米粒撥散，放入料理盆中。1條玉米能炸成2塊天婦羅。

將炸油加熱至180℃。並將❶的玉米撒裹麵粉。

※ 以在料理盆中拌和的方式，將每顆玉米粒均勻地撒裹麵粉。

將大量的麵衣倒入❷的料理盆，並以漏杓拌撈混合。

※ 麵衣的薄度就像覆蓋在玉米粒上的薄膜，可能比各位腦中所想像的來得更薄一些。

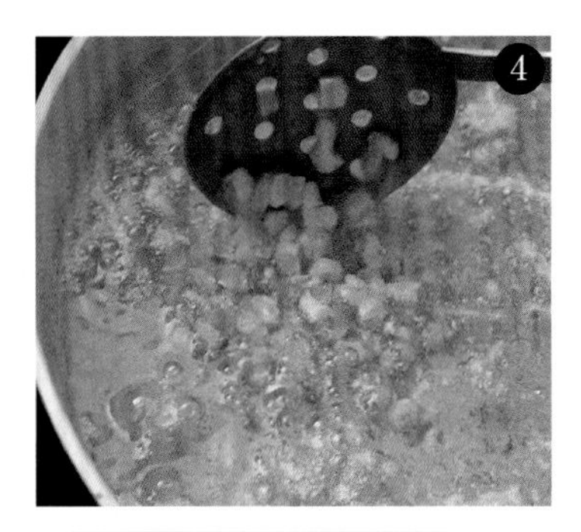

將加熱至180℃的炸油關火，以漏勺放入1匙玉米粒後再度開火。

※ 多餘的麵衣會從濾杓漏孔自然流出。只要平穩放入炸油中，玉米就不易散開。

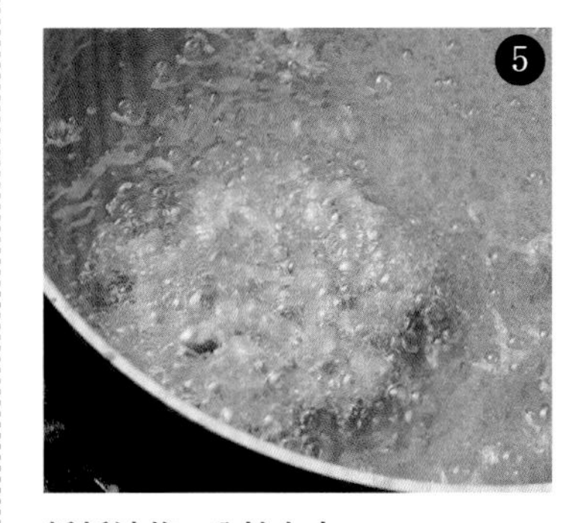

靜靜油炸1分鐘左右。

※ 剛開始玉米會沉入鍋底，並被細小氣泡整個包覆，須持續油炸至麵衣稍微定型。

再以漏杓撈取玉米粒（份量為第一匙的8成），輕輕疊放在❺上，繼續油炸近1分鐘。

※ 當第一匙的玉米浮起，能開始看見玉米顆粒時，便可將第二匙玉米下鍋。

用筷子掀撈翻面，以預防玉米散開。繼續油炸1分鐘左右。

※ 可將食材靠在平底鍋側邊，不僅能避免散開，更可輕鬆翻面。勿以筷子夾取或戳捅的方式翻面。

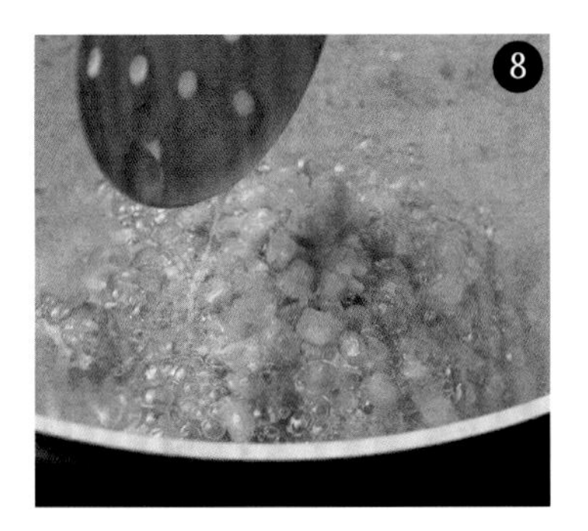

再次翻面，若四周有散開的玉米粒，則可撈起擺放於天婦羅上，接著滴入5滴左右的麵衣。

※ 5滴的麵衣量就能固定住散開的玉米粒。

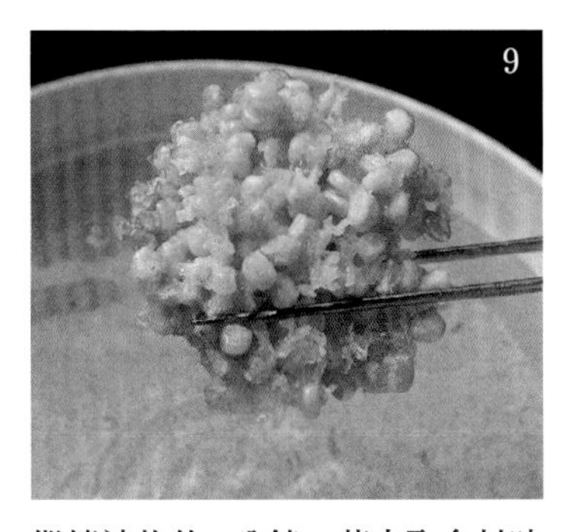

繼續油炸約1分鐘。若夾取食材時感覺變輕，就表示已可起鍋。取出後置於餐巾紙上瀝油。成功的玉米天婦羅能清楚地看見一顆顆玉米粒，由麵衣串聯起這些顆粒。

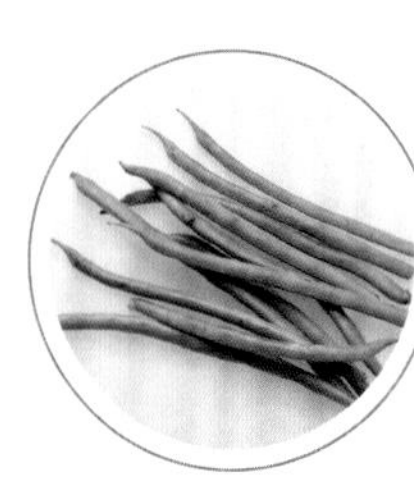

自然呈現相異的外型
四季豆什錦天婦羅

季節
夏

油溫
下鍋時
180℃
▼
維持在
170℃

油炸時間
短

四季豆非常適合做成什錦天婦羅。若取大約10根較細的四季豆集中油炸成天婦羅，將能增加甜味與香氣帶來的衝擊。若四季豆又長又粗，則可使用2根左右的份量，並將長度切半。但若使用粗度與長度不一致的四季豆，油炸後會出現顏色不均的情況。

四季豆相當快熟，因此無須翻面，油炸單面即可。下鍋時，建議靠在平底鍋邊緣慢慢地放入炸油中，這樣四季豆才不會散開，維持集中形狀。

材料
四季豆*
低筋麵粉
麵衣
（→P12～15，稍微調稀）
炸油
天婦羅醬汁
（→P72），或鹽

* 若四季豆較粗，則可將長度切半。

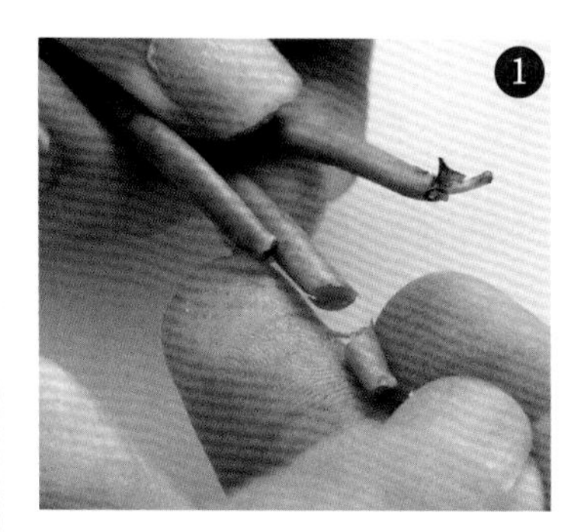

將蒂頭處折掉約5mm長。

✽ 折斷後會立刻飄出香氣。

完成前置處理的四季豆。一塊什錦天婦羅需要10根較細的四季豆如圖，若粗度較粗，則可準備2根四季豆並對半均切（4小截）。將炸油加熱至180℃。

將數塊天婦羅所需的四季豆放入料理盆中，並撒裹麵粉。

✽ 以在料理盆中拌和的方式，將每根四季豆均勻地撒裹麵粉。

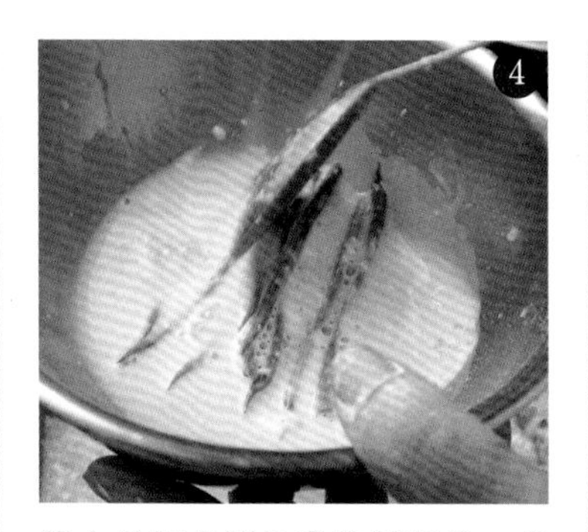

將大量麵衣倒入❸的料理盆，並以漏杓拌撈，讓四季豆沾裹麵衣。

✽ 麵衣的份量就像覆蓋在四季豆上的薄膜。雖然遠比想像中更薄，但品嘗起來口感輕盈，還能發揮四季豆的風味。

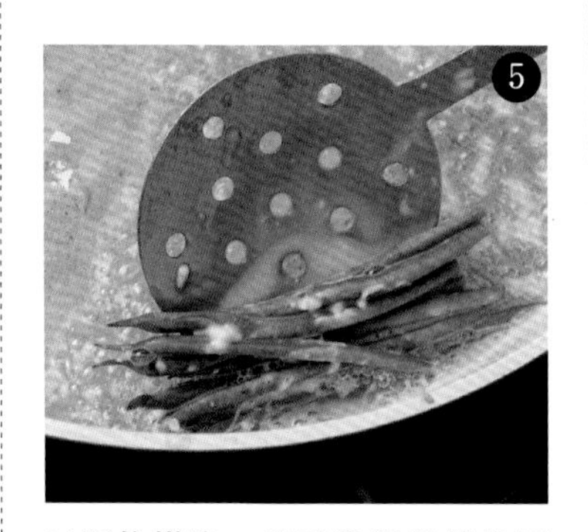

以漏杓撈取一塊天婦羅份量的四季豆，小心放入加熱至180℃的炸油之中。

✽ 靠著平底鍋側邊慢慢將四季豆放入油中，就能避免食材散開，並塑形成「竹筏」的形狀。

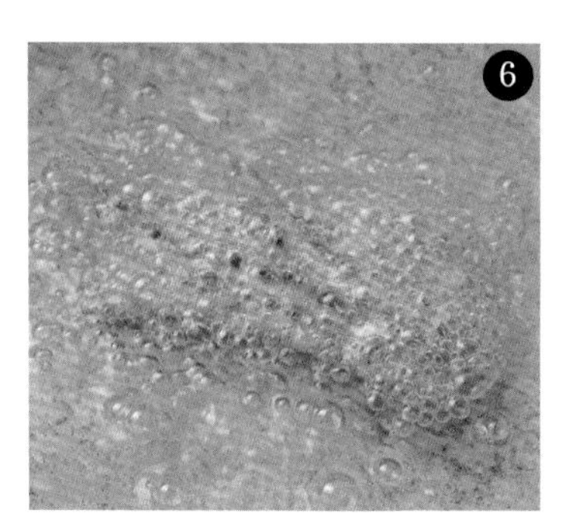

當麵衣稍微定型後，即可用筷子輕輕按壓，並移動至平底鍋中央。

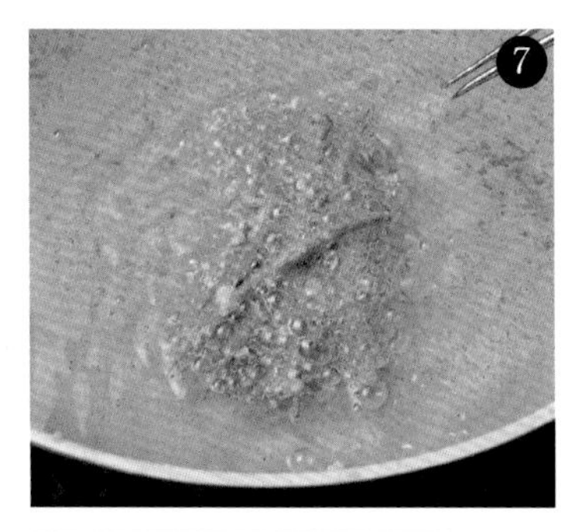

無須翻面，維持單面油炸1分30秒左右。當氣泡量變少且漸趨穩定，即表示可以起鍋。

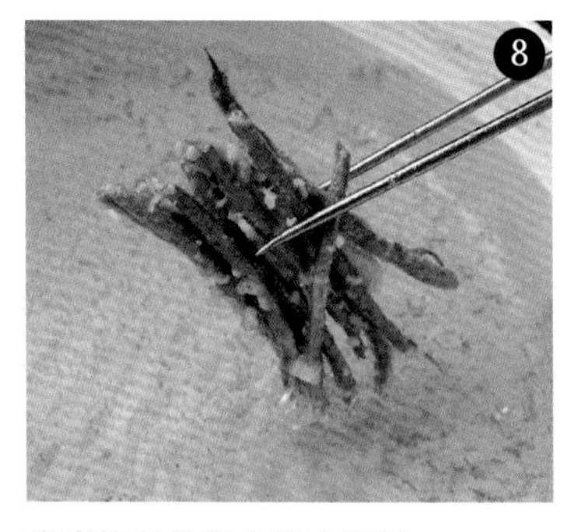

取出後置於餐巾紙上瀝油。

✽ 由於麵衣很薄，要輕輕夾取，避免散開。

◎目標成果

對半切開時，四季豆軟嫩且多汁。成功的四季豆什錦天婦羅只須用最少量的麵衣就能將所有四季豆連結固定。

蠶豆什錦天婦羅

天婦羅才能展現的美味

季節
初春

油溫
下鍋時
180℃
▼
維持在
170℃

油炸時間
短

蠶豆一般多汆燙後食用，但做成天婦羅更能凸顯甜味、鮮味及香味，將美味發揮到淋漓盡致。柔軟的口感蓬鬆又扎實，這也是只有做成天婦羅才能品嘗到的風味。

為了保留美麗的淡綠色及香氣，油炸時油溫必須低於170℃。若剛開始的油溫過高，容易使蠶豆散開，因此可在放入食材時先關火片刻。

材料
蠶豆*
低筋麵粉
麵衣（→P12～15，稍微調稀）
炸油
天婦羅醬汁（→P72），或鹽

＊ 蠶豆頂端長有名為「種臍」的黑線條，當種臍為綠色時，就表示果實新鮮且更加軟嫩，非常適合選用。

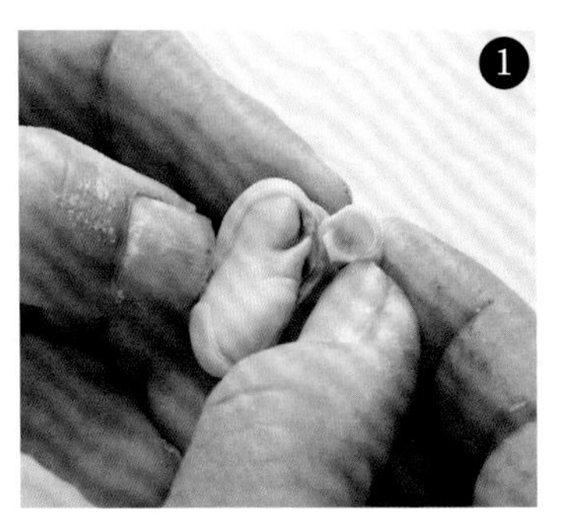

從豆莢取出蠶豆。用手指刮破平坦面的種皮，接著剝除所有種皮。

❖ 從種臍處剝皮容易造成果實破損，從平坦面剝皮較能確保蠶豆完整性。

完成前置處理的蠶豆。一塊天婦羅約使用10顆蠶豆。將炸油加熱至180℃。

將數塊天婦羅的蠶豆放入料理盆中，並撒裹麵粉。

❖ 以在料理盆中拌和的方式，將每粒蠶豆均勻地撒裹麵粉。注意麵粉不可過量。

將大量麵衣倒入❸的料理盆，並以漏杓拌撈，讓蠶豆沾裹麵衣。

❖ 麵衣的份量就像覆蓋在蠶豆上的薄膜。雖然遠比想像中更薄，但品嘗起來口感輕盈，還能發揮蠶豆的風味。

將加熱至180℃的炸油關火，放入一塊天婦羅份量的蠶豆。

❖ 關火後，將蠶豆以靠在平底鍋邊緣的方式慢慢地放入炸油中，就能避免蠶豆下鍋時散開。

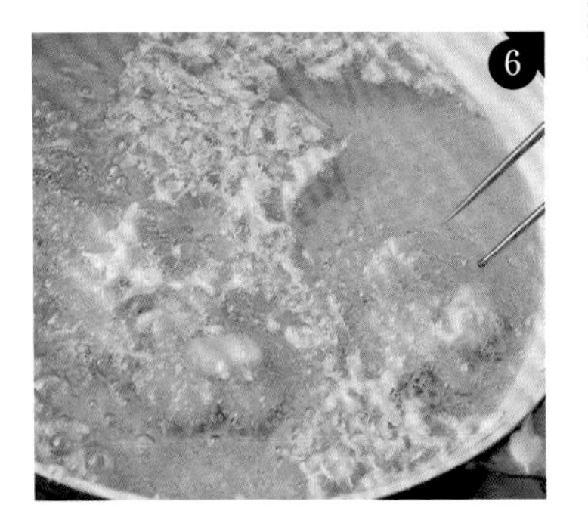

30秒後再次開火，並維持170℃的油溫加熱，無須翻面，慢慢油炸近2分鐘，充分加熱。

❖ 蠶豆麵衣較少，容易散開，因此必須盡量避免碰觸蠶豆，以單面油炸的方式烹調。

當氣泡減少且變小時，即可起鍋。取出後置於餐巾紙上瀝油。

◎目標成果

用極少量的麵衣集結蠶豆，透出漂亮的淡綠色，蠶豆口感鬆軟。

專賣店之味

天丼與天茶

天丼與天茶是天婦羅飯類中最具代表性的料理。利用丼飯醬汁及茶泡飯高湯，增添海鮮及蔬菜什錦天婦羅的豐富香味。

天丼

在「天婦羅近藤」，客人品嘗完一系列的天婦羅後，能夠選擇天丼或天茶兩種飯類品項，做為收尾的最後一道料理。將什錦天婦羅浸入鹹甜滋味的丼飯醬汁，擺上白飯做成在地江戶人最愛的天丼；以及將什錦天婦羅擺放於白飯上後，澆淋茶泡飯高湯（焙茶風味高湯）做成風味清爽的天茶，兩者皆十分美味，讓人難以取捨。

店裡製作的什錦天婦羅除了蝦之外還會加入小貝柱，但在家中製作時，建議選用容易取得的蝦子即可，無論風味、口感、飽足感上，蝦子的表現力都相當十足。此處分別以芝蝦天婦羅以及

天茶

鴨兒芹風味芝蝦天婦羅做成天丼與天茶。

天丼的什錦天婦羅需浸入丼飯醬汁中，麵衣非常容易膨脹，因此使用比平常濃稠的麵衣，將天婦羅炸得又香又脆，避免食材輕易散開。然而，天茶屬於茶泡飯，油炸的祕訣在於麵衣要薄，品嘗時才能唰唰唰地掃入口中。天茶澆淋的茶泡飯高湯，以昆布柴魚高湯加入焙茶熬煮而成，無論香氣和風味皆十分柔和。（兩者做法請參照108頁）

天茶享用法

可依照自己喜愛的方式品嘗，我個人會先取一些天婦羅沾鹽享用。接著在天婦羅中間擺上大量山葵，並將茶味高湯一口氣澆淋而下，以茶泡飯形式品嘗美味。

焙茶風味高湯的
清爽口感

天茶

材料

鴨兒芹風味芝蝦什錦天婦羅
- 芝蝦
- 鴨兒芹
- 低筋麵粉
- 麵衣（→P12～15，稍微調稀）
- 炸油

〇茶味高湯
- 高湯（容易製作的份量，使用量400mℓ）
  - 水……1ℓ
  - 真昆布…1片（5cm方形）
  - 柴魚片…5g
- 焙茶茶葉…2大匙
- 鹽…1小匙
- 醬油…1小匙

白飯

鹽、山葵

做法

❶ 製作焙茶風味高湯。將水與真昆布放入鍋中，以大火加熱，當鍋底浮出氣泡時，放入柴魚片煮沸。待表面充滿浮沫時關火。撈除浮沫，靜置5分鐘後過濾。

❷ 取400mℓ 的高湯加熱，並加入鹽與醬油，接著放入焙茶茶葉煮沸。關火後，立刻以濾網過濾，倒入急須壺中。

❸ 製作鴨兒芹風味芝蝦什錦天婦羅（→參照P92的「炸蝦什錦天婦羅」，將鴨兒芹碎末混入蝦子下鍋油炸）。

❹ 以丼碗盛裝白飯，擺上剛起鍋的什錦天婦羅，另以小盤裝取鹽及山葵，與2的茶味高湯一同上桌。

甜鹹丼飯醬汁
襯托滿滿鮮味

天丼

材料

芝蝦什錦天婦羅
- 芝蝦
- 低筋麵粉
- 麵衣（→P12～15）
- 炸油

〇丼飯醬汁（容易製作的份量）
- 酒…250mℓ
- 味醂…100 mℓ
- 水…150 mℓ
- 柴魚片…8g
- 醬油…150 mℓ

白飯

做法

❶ 製作丼飯醬汁。將酒與味醂倒入鍋中，以大火加熱，沸騰後持續烹煮1分鐘左右，讓酒精蒸發。倒入水與柴魚片，加熱至沸騰。接著加入醬油再次沸騰，撈除浮沫並關火。靜置5分鐘左右，接著以廚房紙巾過濾，置於常溫存放。

❷ 製作芝蝦什錦天婦羅（→參照P92的「炸蝦什錦天婦羅」）。

❸ 以丼碗盛裝白飯。將剛起鍋的什錦天婦羅浸入丼飯醬汁中充分吸汁，並與滴出的醬汁一同擺上白飯。

第四章

天婦羅配菜

雖然單獨享用是天婦羅的
基本品嘗方式，
但稍微改變風格，
將天婦羅切成小塊、加點調味，
或是與其他食材混搭，
做成料理中的配菜似乎也不錯。
如此一來也會讓飯類料理
變得更多元。
敬請各位一同享受
這嶄新滋味。

將剛起鍋的天婦羅搭配天婦羅醬汁或鹽是最基本的吃法。但偶爾一改思維，與各種食材及調味料組合搭配，做成風味迴異的「天婦羅配菜」也十分美味。不受既定想法束縛，自由發掘至今未曾思考過的天婦羅新滋味，可是相當開心之事。

我在炸天婦羅的過程中，會一邊觀察食材，同時不斷想像這次究竟會做出怎樣的料理、這樣的料理又會是怎樣的味道。也希望透過本書能向各位傳達「其實天婦羅能做這樣的變化」，在食材的運用與搭配中存在相當大的可能性。

本章將介紹為此書全新提案的9道天婦羅配菜料理，除了拌物、蒸物、飯類等日式料理外，另也包含義大利麵與甜點，橫跨不同料理種類。各位不妨以此參考，發揮創意，做出各式各樣的天婦羅配菜。

蔬菜天婦羅佐蛋黃醋

將蔬菜天婦羅打造成醋物風味料理。多種天婦羅拼裝擺盤，不僅視覺豪華，同時呈現味覺變化。酸甜滋味的蛋黃醋不會使麵衣變得軟爛，還能帶來清爽風味。

材料

綠蘆筍（→以P26的方式前置處理，以下同）
2種切法的胡蘿蔔（→P96、98）、茄子（→P34）
蓮藕（→P40）、百合（→P44）、南瓜（薄切）
白花椰菜（一口大小）
低筋麵粉、麵衣（→P12～15）
炸油
○蛋黃醋（容易製作的份量）
蛋黃…2顆（L號）
砂糖（上白糖）…20g
醋…80mℓ

做法

❶ 製作蛋黃醋。將蛋黃與砂糖倒入鍋中，以木杓混合。開小火加熱，邊慢慢攪拌，邊逐次加入少量的醋。開始變稠時便可關火，放冷後置於冰箱冷藏。

❷ 油炸天婦羅。

・炸油加熱至175℃，將前置處理過的蓮藕依序沾裹麵粉、麵衣，並放入鍋中。油炸時油溫須維持在165℃，起鍋後切成一口大小。

・接著將炸油加熱至180℃，取綠蘆筍、茄子、百合、南瓜、白花椰菜，依序沾裹麵粉、麵衣，並放入鍋中。油炸時油溫須維持在170℃。

・最後將炸油加熱至185℃。於料理盆中放入切成長片狀的胡蘿蔔，沾裹麵粉、麵衣後，以漏杓撈取下鍋，油炸時油溫須維持在175℃。接著以相同方式油炸胡蘿蔔絲天婦羅。

❸ 將天婦羅盛裝於器皿，並澆淋蛋黃醋。

清蒸蕪菁風味白身魚天婦羅

這道料理的靈感，來自於將蕪菁泥連同葛粉羹，澆淋在白身魚及蔬菜，再清蒸加熱的「蒸蕪菁」料理。將味道濃郁的金目鯛及充滿清新風味的蠶豆炸成天婦羅，盛裝後澆淋熱騰騰的葛粉羹，最後再擺上蕪菁泥。

材料

金目鯛（魚塊）、蠶豆（→以P104的方式前置處理）
低筋麵粉、麵衣（→P12～15）
炸油
蕪菁泥
○葛粉羹（容易製作的份量）
- 高湯（→P108）…360mℓ
- 味醂…20mℓ
- 醬油……40mℓ
- 葛粉…40g
- 水…40mℓ

做法

❶ 油炸天婦羅。
- 炸油加熱至180℃，將前置處理過的蠶豆放入料理盆中撒裹麵粉、沾取麵衣，以漏杓撈取下鍋，油炸時油溫須維持在170℃，製作成什錦天婦羅。
- 接著將炸油加熱至190℃，取金目鯛魚塊依序沾裹麵粉、麵衣，並放入鍋中。油炸時油溫須維持在175～180℃。

❷ 製作葛粉羹。將葛粉溶於水，以中火加熱高湯，沸騰後倒入味醂與醬油持續煮沸。逐次加入少量葛粉水並不斷攪拌，使醬汁變稠。

❸ 將天婦羅盛裝於器皿，澆淋適量葛粉羹，中間再擺放蕪菁泥。

白身魚春味時蔬羹

簡單將葛粉羹澆淋上白身魚天婦羅做成時蔬料理。天婦羅中包含金目鯛、山菜及春季蔬菜。無論在味道或口感表現上，天婦羅及葛粉羹的搭配性極佳，能品嘗到滑順又清爽的滋味。

材料

金目鯛（魚塊）
油菜花（→以P42的方式前置處理，以下同）
刺嫩芽（→P46）、蜂斗菜（→P48）、莢果蕨
娃娃菜（→處理方法同P46「刺嫩芽」）
低筋麵粉、麵衣（→P12～15）
炸油
○葛粉羹（→P112）

材料

❶ 以濕布擦拭莢果蕨的髒污，再以手掌輕拍，使其散發香氣。

❷ 油炸天婦羅。

- 炸油加熱至180℃，將前置處理過的莢果蕨、刺嫩芽、娃娃菜依序沾裹麵粉、麵衣，蜂斗菜與油菜花僅須沾裹麵衣，接著放入鍋中油炸，油溫須維持在170℃。
- 接著將炸油加熱至190℃，取金目鯛魚塊沾裹麵粉及麵衣，並放入鍋中。油炸時油溫須維持在175～180℃。起鍋後切成三等分。

❸ 製作葛粉羹。

❹ 將天婦羅盛裝於器皿，澆淋適量葛粉羹。

健康風味雞肉天丼

以萵苣取代減少的飯量，
營造份量及飽足感，
抑制糖分，同時享用美味的雞肉天丼。
天婦羅選用低卡路里雞胸肉，佐油炸蛋，
戳破濃稠的蛋黃搭配品嘗享用。

材料

雞胸肉、乳酪絲（焗烤用）
低筋麵粉、麵衣（→P12～15）
炸油
蛋
丼飯醬汁（→P108）
白飯
萵苣
太白芝麻油

做法

❶ 將萵苣切成大塊，拌和太白芝麻油，接著混合白飯，以丼碗盛裝。

✽ 萵苣直接接觸熱飯時，會從原本的綠色變褐色，先拌和太白芝麻油便能保持鮮綠色澤。

❷ 將雞胸肉切開成片，擺上乳酪，接著恢復成原本形狀。炸油加熱至 180℃，將雞胸肉依序沾裹麵粉、麵衣，並放入鍋中。油炸時油溫須維持在 170 ～ 175℃。

❸ 將蛋敲入小碗中，以慢慢倒入 2 炸油的方式油炸。當蛋白凝固，蛋黃仍呈現柔軟狀態時即可取出。

❹ 將❷的雞胸肉天婦羅浸入丼飯醬汁，接著擺上 1 的白飯。最後再擺放❸的油炸蛋。

天婦羅什錦飯

以拌飯及炊飯為概念，
將天婦羅切成小塊拌入飯中。
以多種海鮮及蔬菜做搭配，
營造出食材澎湃的什錦飯風味。
混合天婦羅與白飯時則用鹽調味。

材料

星鰻（→以P80的方式前置處理，以下同）
蓮藕（→P40）、百合（→P44）
香菇（→P58）、胡蘿蔔（→P96）
牛蒡（切絲）
低筋麵粉、麵衣（→P12～15）
炸油
鴨兒芹（切小段）
白飯
鹽

做法

❶ 油炸天婦羅。
- 炸油加熱至175℃，將蓮藕依序沾裹麵粉、麵衣，並放入鍋中。油炸時油溫須維持在165～170℃。
- 接著將炸油加熱至180℃，取香菇及百合根依序沾裹麵粉、麵衣，並放入鍋中。油炸時油溫須維持在170℃，兩者皆切成長片狀。
- 炸油加熱至185℃。將胡蘿蔔與牛蒡分別放入料理盆中，並撒裹麵粉，沾取麵衣，以漏杓撈取下鍋，油溫須維持在175℃，製作成什錦天婦羅。
- 最後將炸油加熱至200℃，把星鰻依序沾裹麵粉、麵衣後下鍋，油炸時油溫須維持在190℃。

❷ 混合拌勻天婦羅與白飯，加入鹽調味。
❸ 以丼碗盛裝，最後撒點鴨兒芹。

天婦羅蛋香飯

以豬排丼為概念，將丼飯醬汁與蛋烹煮成的汁液
澆淋於白飯上的芝蝦天婦羅，
再放上半熟蛋，使美味加分。
以蝦子、小貝柱做成的海鮮什錦天婦羅
比蔬菜更能添增味覺上的滿足感。

材料

芝蝦（→以P92的方式前置處理）
小貝柱、鴨兒芹（切小段）
低筋麵粉、麵衣（→P12～15）
炸油
大蔥（斜切薄片）
丼飯醬汁（→P108）
散蛋
鴨兒芹（切小段）
白飯

做法

❶ 油炸天婦羅。

・炸油加熱至190℃，於料理盆中混合芝蝦、小貝柱、鴨兒芹，撒裹麵粉，沾取麵衣後下鍋，油炸時油溫須維持在180℃。

❷ 將大蔥及丼飯醬汁放入小鍋中，充分加熱後再倒入散蛋。接著放入天婦羅，蓋上鍋蓋，稍微加熱，讓蛋汁呈半熟狀。

❸以丼碗盛裝白飯，擺上❷，並撒點鴨兒芹。

天婦羅雜炊

天茶的變化型料理。
以高湯烹煮切好的蔬菜及白飯，做成雜炊，
最後再擺上沙鮻天婦羅。
沙鮻與麵衣的鮮味會流入湯汁中，
成為美味高湯。

材料

沙鮻（→以P82的方式前置處理）
低筋麵粉、麵衣（→P12～15）
炸油
香菇（細切）
白蘿蔔（切長片狀）
鴨兒芹（切小段）
高湯（→P108）
鹽
白飯（冷飯亦可）

做法

❶ 油炸天婦羅。
・炸油加熱至190℃，將沙鮻依序沾裹麵粉、麵衣，並放入鍋中。油炸時油溫須維持在175～180℃。
❷ 加熱高湯，加鹽調味，並將香菇、白蘿蔔煮軟。將白飯水洗、瀝乾，與鴨兒芹一同拌入高湯並加熱。
❸ 將天婦羅擺放於❷上。

蔬菜天婦羅義大利麵

以天婦羅取代義大利麵醬汁。
麵條汆燙後以橄欖油熱炒，
接著剁碎蔬菜什錦天婦羅並撒入麵中。
可選擇自己喜愛的蔬菜，但麵衣要瀝得薄透，
才能透出蔬菜本身的顏色。

材料

洋蔥（切小塊）、茄子（切成小薄片）
鴨兒芹（切小段）、香菇（薄切）
紫蘇葉（→以P50的方式前置處理）
低筋麵粉、麵衣（→P12～15）
炸油
義大利麵
橄欖油
鹽、胡椒、大蒜

做法

❶ 油炸天婦羅。
・炸油加熱至190℃。將洋蔥、茄子、鴨兒芹、香菇放入料理盆中，撒裹麵粉，沾取麵衣後，以漏杓撈取下鍋。油炸時油溫須維持在180℃。
・接著將紫蘇葉依序沾裹麵粉、麵衣，放入180℃的炸油中，油炸時油溫須維持在170℃。

❷ 將義大利麵放入鹽水中汆燙，汆燙後的麵條須帶有硬度，以保留嚼勁。瀝乾後，加入大蒜碎末及橄欖油快速拌炒，並以鹽、胡椒調味。

❸ 稍微剁碎❶的天婦羅，並與❷的義大利麵稍微拌和。盛盤後，再稍微撒點剁碎的紫蘇天婦羅。

番薯蜜黑豆

厚切番薯天婦羅搖身一變成為甜品。
將口感鬆軟的番薯挖成圓球狀，
再佐以蜜漬黑豆即可上桌。
糖蜜風味的黑豆口感綿密、滋味十足，
與番薯的香甜一拍即合。

做法

❶ 炸油加熱至 180℃。將番薯依序沾裹麵粉、麵衣，並放入鍋中。在 170℃的油溫中油炸 30 分鐘左右，取出後以廚房紙巾包裹，靜置 10 分鐘，利用餘溫加熱內部。

❷ 將番薯挖成圓球狀，與黑豆一同擺放入容器中。

材料

番薯（→以 P64 的方式前置處理）
低筋麵粉、麵衣（→P12～15）
炸油
蜜糖黑豆

天婦羅拼盤
俐落掌握料理節奏

在家做天婦羅時，多半會以5~6種食材做成拼盤料理。想要徹底品嘗天婦羅的美味，就必須在味道、香氣、口感等所有環節賦予變化。從蔬菜、菇類、海鮮中挑選，搭配出色彩鮮明對比、極具視覺享受，讓人食指大動的天婦羅拼盤。近藤流天婦羅標榜麵衣薄透，炸好的天婦羅便能充分呈現出食材原本的顏色。

製作天婦羅的過程中，最須留意的就是烹調步驟。一旦天婦羅冷掉就會功虧一簣，因此希望能趁熱享用所有食材。此處將以5種食材為例，說明如何讓油炸步驟過程更有效率。

相信有不少人會一心想著「冷掉就糟了」，反而搞得慌張不已，在此再次強調一定要「沉住氣」。一旦自亂陣腳，就會遺漏重要環節，無法精準進行每個步驟，這絕非樂見之事。想要炸出美味天婦羅，就必須循序漸進，沉穩進行每一個步驟。

製作天婦羅各步驟

❶ 製作天婦羅醬汁

天婦羅醬汁常溫使用較佳，因此可先製作醬汁，待天婦羅起鍋時，醬汁就會降至適當溫度。

↓

❷ 製作蛋汁

製作稍微多一點的蛋汁，能用來調整麵衣濃度。

↓

❸ 前置處理材料

製作稍微多一點的蛋汁，能用來調整麵衣濃度。

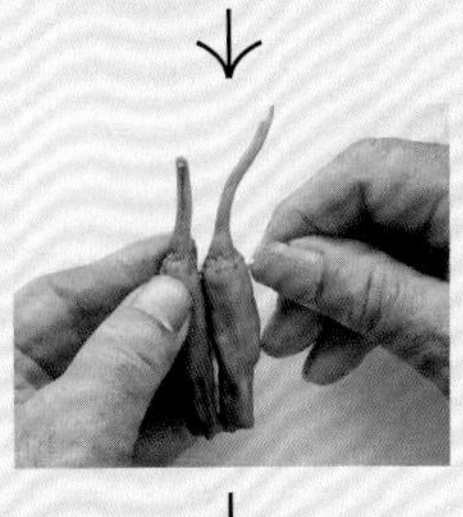

↓

❹ 加熱炸油

油溫必須加熱至比適溫高10℃，可將麵衣滴入油中確認溫度。

❺ 沾裹麵粉與麵衣

將蛋汁與低筋麵粉混合製成麵衣。依序將材料沾裹麵粉、麵衣；不可將所有的食材先沾裹麵粉備用，沾裹麵衣後須立即下鍋。

↓

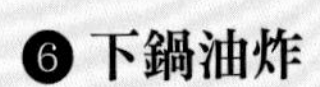

❻ 下鍋油炸

下鍋後，觀察麵衣及氣泡狀態，判斷是否需調整火候油炸。

↓

❼ 盛盤上桌

與其他料理一樣，將天婦羅堆疊出漂亮的高度。獅子辣椒等綠色天婦羅可擺放在最前方，讓整體視覺效果更為集中。最後佐上醬汁與白蘿蔔泥即完成。

天婦羅拼盤的油炸順序

製作蔬菜與海鮮的天婦羅拼盤時，基本油炸順序為〈蔬菜（&菇類）→海鮮〉，雖然這次的示範中未包含什錦天婦羅，但加入什錦天婦羅的順序會調整為〈蔬菜→什錦天婦羅（蔬菜→海鮮）→海鮮〉。

一般而言，蔬菜天婦羅的油炸適溫較低，炸油也較不易劣化，適合安排在前半段油炸。海鮮除了適合高溫油炸外，亦會產生大量水分，食材的強烈味道甚至會使炸油也出現相同氣味，因此建議放在後半段油炸。油炸蔬菜時，須先將較耗時的食材下鍋；油炸數量較少時，則無須按種類逐一下鍋，而是依照各食材的時間長短，同時下鍋油炸。要利用餘溫長時間悶蒸加熱的厚切番薯或南瓜須最先下鍋，並利用剩餘空間烹調其他食材。本次範例的油炸順序雖為〈菇類→茄子→蓮藕→獅子辣椒〉，但前3種食材在使用上會有品種及尺寸差異，因此各位可自行調整順序。

此處的海鮮天婦羅只選用蝦子，因此安排在最後油炸。若使用複數種類海鮮時，則須將肉質較軟、較快熟，或是炸油適溫較低的海鮮先下鍋油炸。以第二章提到的6種海鮮為例，油炸順序就會是〈沙鮻→蝦子→烏賊→扇貝→星鰻→牡蠣〉。星鰻所須的油溫雖然最高，但考量牡蠣含水量多，容易使炸油變髒，因此將油炸順序排在最後。

此處選用3種蔬菜（茄子、蓮藕、獅子辣椒）、1種菇類（香菇）、1種海鮮（蝦子），共計5種食材製作兩人份的天婦羅拼盤。首先將炸油加熱至180℃。

將整朵香菇沾裹麵粉與麵衣，放入180℃炸油中。在這次的蔬菜&菇類食材中，香菇最為耗時。油溫須維持在170℃。

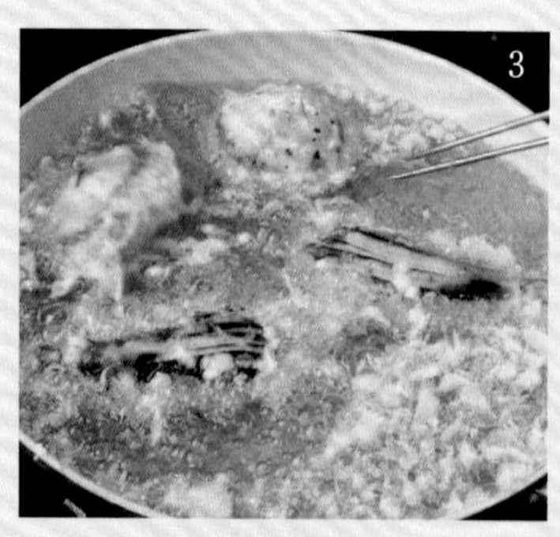

接著放入茄子（縱切成2等分，並在前端劃切刀痕）。香菇與茄子都必須等麵衣充分加熱後再翻面。隨時撈起散開的麵衣，確保炸油品質。

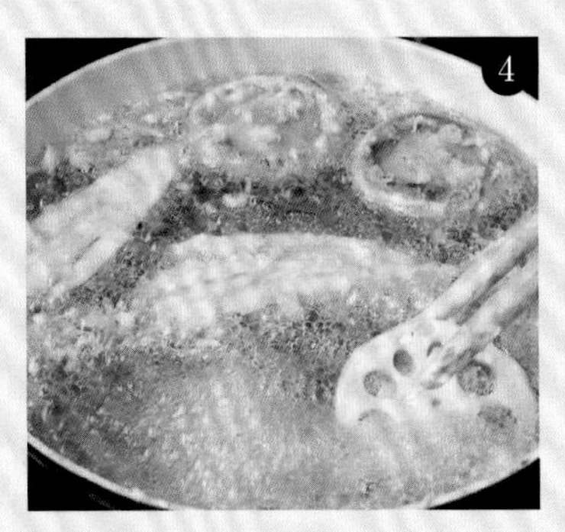

放入輪切的蓮藕，鍋中同時油炸3種食材。

依照各食材的情況適時翻面，油炸加熱。

取出茄子與蓮藕。

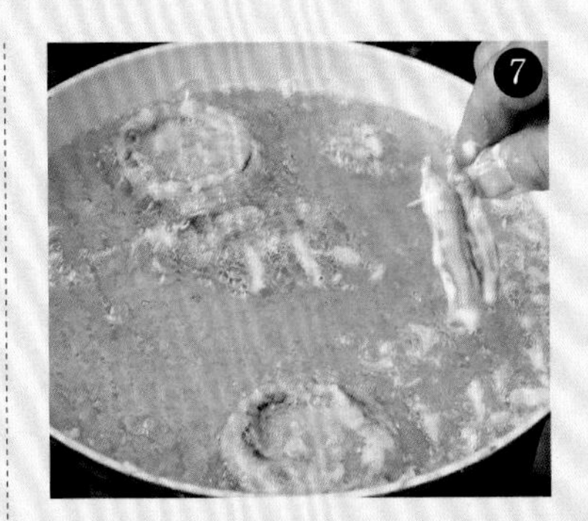

讓香菇持續在鍋中油炸，並放入獅子辣椒（以牙籤串叉2條為一組）。

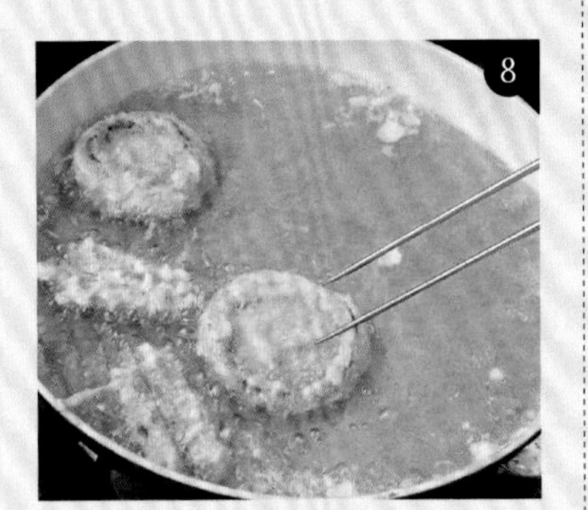

邊翻面邊油炸香菇與獅子辣椒，在幾乎相同的時間點將兩者取出。

炸油加熱至190℃，放入蝦子。

油炸時，油溫維持在180℃。

蝦子炸熟後即可取出，並將5種天婦羅擺盤。

◎天婦羅拼盤完成！

各種食材的油炸溫度與時間對照表

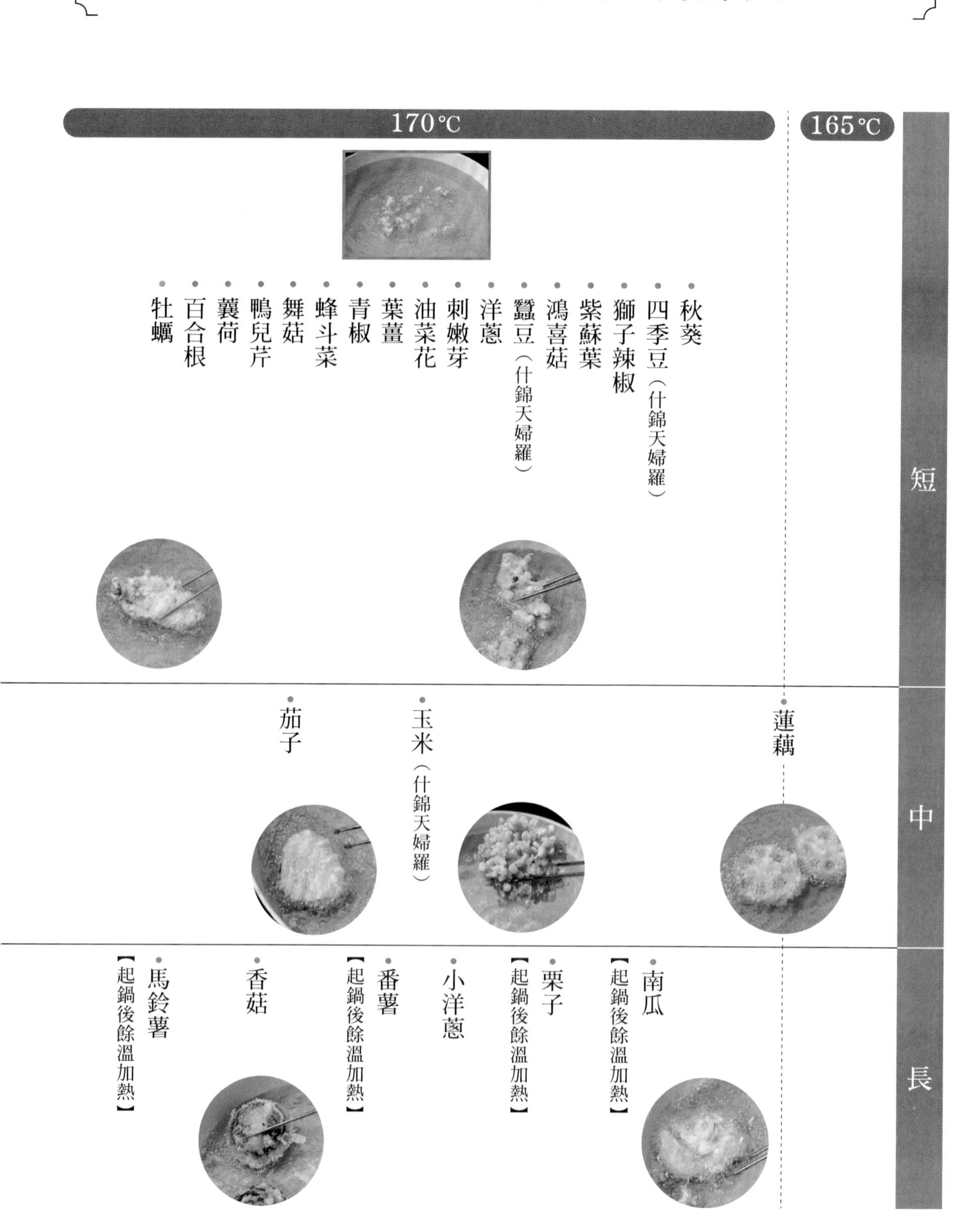

本頁彙整了書中提及的各種天婦羅油炸溫度與時間。若同時將大量食材下鍋油炸，溫度非常容易瞬間降低，因此下鍋前的油溫必須加熱至比適溫高10℃，並讓油炸溫度維持在建議值。此外，針對油炸時間，表中將3分鐘以內劃分為「短」、3～5分鐘為「中」、5分鐘以上為「長」，共3階段。實際油炸時必須觀察食材油炸情況決定能否起鍋，以下數值仍可當作參考。

190℃	185℃	180℃	175℃
		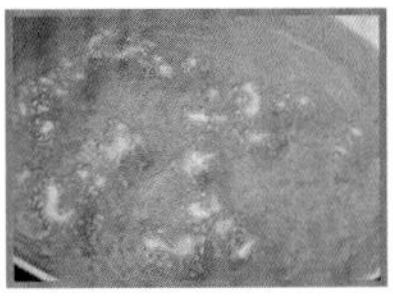 ・沙鮻 ・明蝦 ・才卷蝦等小型蝦（什錦天婦羅） ・櫻花蝦（什錦天婦羅） ・芝蝦（天丼、天茶） ・魷魚 ・扇貝 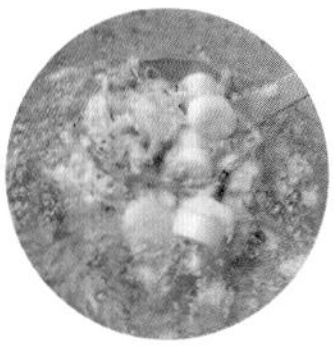 	・蘆筍 ・胡蘿蔔什錦天婦羅 ・胡蘿蔔絲天婦羅 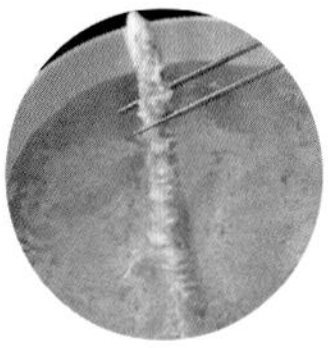
・星鰻 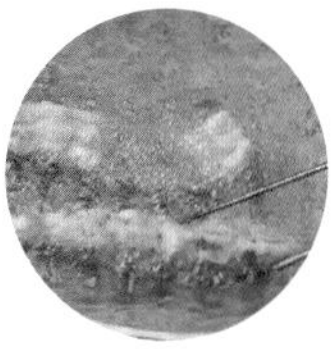			

近藤文夫主廚提案「蔬菜天婦羅」

近藤主廚認為設計天婦羅的新菜單就像一種自我挑戰。「天婦羅近藤」的名物「蕃薯天婦羅」，即花費2～3年研發，才大功告成。

從我在東京神田駿河台的「山之上飯店」步上天婦羅職人之路，時間已長達半世紀之久。

當時說到天婦羅會直接與海鮮劃上等號，蔬菜不過就是配角般的存在，充其量只有香菇、獅子辣椒、蓮藕等。我便思考著——若運用日本的豐沛蔬菜，不僅能讓味道表現相對多元，更能透過增加蔬菜的占比，奠定天婦羅即是一種料理的基礎。

就在23歲升任主廚之際，我選擇挑戰這種傳統思維，一次又一次地將蔬菜天婦羅送上桌。剛開始甚至會被客人責罵「我可是為了吃天婦羅而來的」，因為客人認為「蔬菜天婦羅不該出現在天婦羅專賣店」。即便如此，我還是使用了蜂斗菜、蘆筍、百合根、蘘荷等，幾乎不會與天婦羅劃上等號的蔬菜，透過炸成天婦羅的方式，讓客人重新體認到：原來這些蔬菜是如此美味。

然而，若只是單純下鍋油炸，可無法成為在人心與味蕾皆留下印象的天婦羅。於是我結合了顛覆天婦羅常識的手法，將口感蓬鬆的超大塊番薯炸成天婦羅，將甜味會在口中擴散的胡蘿蔔細絲炸成什錦天婦羅，創造出全新的菜單。不改變思維，就無法改變料理——秉持著如此精神，每天不斷研究嶄新的天婦羅料理。

「天婦羅近藤」簡介

近藤文夫（こんどう・ふみお）

東京銀座「天婦羅近藤」店主。出生於東京。高中畢業後，進入東京神田駿河台的「山之上飯店」，隸屬和食・天婦羅部門。以23歲之齡拔擢升任「天婦羅與和食　山之上」主廚，並擔任該職務長達21年。1991年於銀座獨立開張「天婦羅近藤」，透過薄麵衣油炸手法與蔬菜天婦羅等多種嶄新思維，持續推出獨特的天婦羅料理。

近藤文夫先生擔任店主的「天婦羅近藤」位於東京銀座的並木通。搭乘電梯來到大樓9樓，映入眼簾的是池波正太郎大師親筆揮毫，滲印著「天婦羅近藤」字樣的暖簾。

鑽入暖簾後，以木質為基調的店裡中央，擺放著木曾檜木製成的原木吧檯，不僅帶有溫度，更飄逸出高尚氛圍。站在吧檯內的師傅會於客人面前油炸天婦羅，並在最佳時機上桌，讓客人品嘗。近藤流天婦羅不僅口感輕盈，更能充分享受到食材本身的鮮美，可說是絕無僅有的嶄新滋味，讓客人徜徉於充滿四季變化的食材中。此外，店內更有相當隱密的空間，可做為包廂使用。

地址	東京都中央區銀座5-5-13 坂口大樓9樓
電話	03-5568-0923
營業時間	中午12點～13點30分（最後點餐） 晚上17點～20點30分（最後點餐）
套餐	午餐6,500日圓起（未稅） 晚餐11,000日圓起（未稅）
店休日	星期日、星期一之國定假日

staff

攝影／日置武晴

藝術指導／大薮胤美（フレーズ）

設計／尾崎利佳（フレーズ）

版型／岡田万喜代（第四章）

取材・構成／河合寛子

編集／原田敬子

酥炸天婦羅

出　　版／楓葉社文化事業有限公司
地　　址／新北市板橋區信義路163巷3號10樓
郵政劃撥／19907596　楓書坊文化出版社
網　　址／www.maplebook.com.tw
電　　話／02-2957-6096
傳　　真／02-2957-6435
著　　者／近藤文夫
翻　　譯／蔡婷朱
責任編輯／謝宥融
內文排版／楊亞容
總　經　銷／商流文化事業有限公司
地　　址／新北市中和區中正路752號8樓
網　　址／www.vdm.com.tw
電　　話／02-2228-8841
傳　　真／02-2228-6939
港澳經銷／泛華發行代理有限公司
定　　價／320元
初版日期／2019年1月

國家圖書館出版品預行編目資料

酥炸天婦羅 / 近藤文夫作 ; 蔡婷朱譯.
-- 初版. -- 新北市 : 楓葉社文化,
2019.01　面 ;　公分

ISBN 978-986-370-187-3 (平裝)

1. 食譜 2. 日本

427.131　　107018895